伏羲画卦阴阳演，

神龟呈甲助圣贤。

女娲补天断鳌足，

捏土造人子孙繁。

传承历史图拣鉴，

轩辕黄帝卯天鼋。

龙龟裔衍文明史，

佑我中华五千年。

王大庆

2019年春于北京

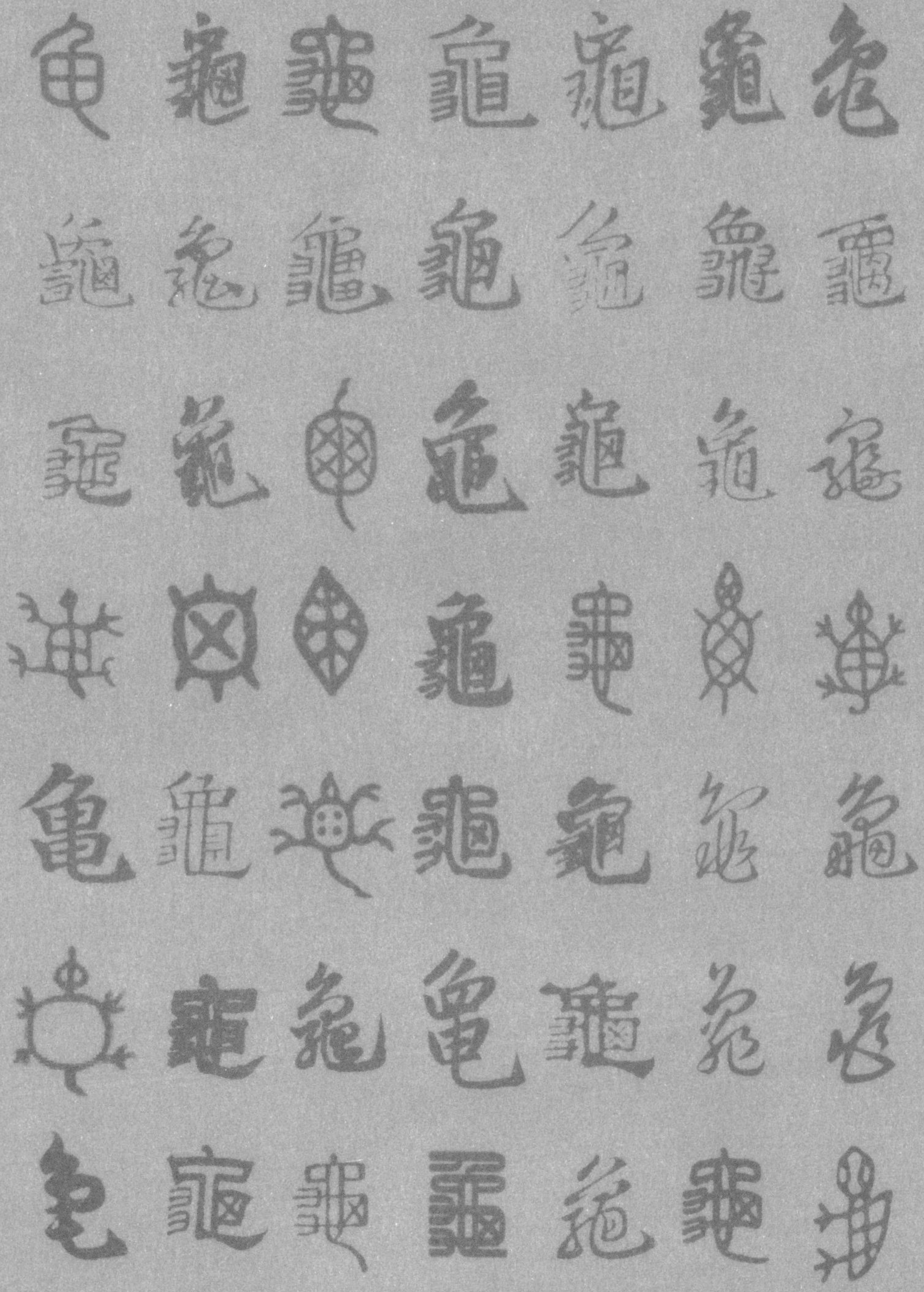

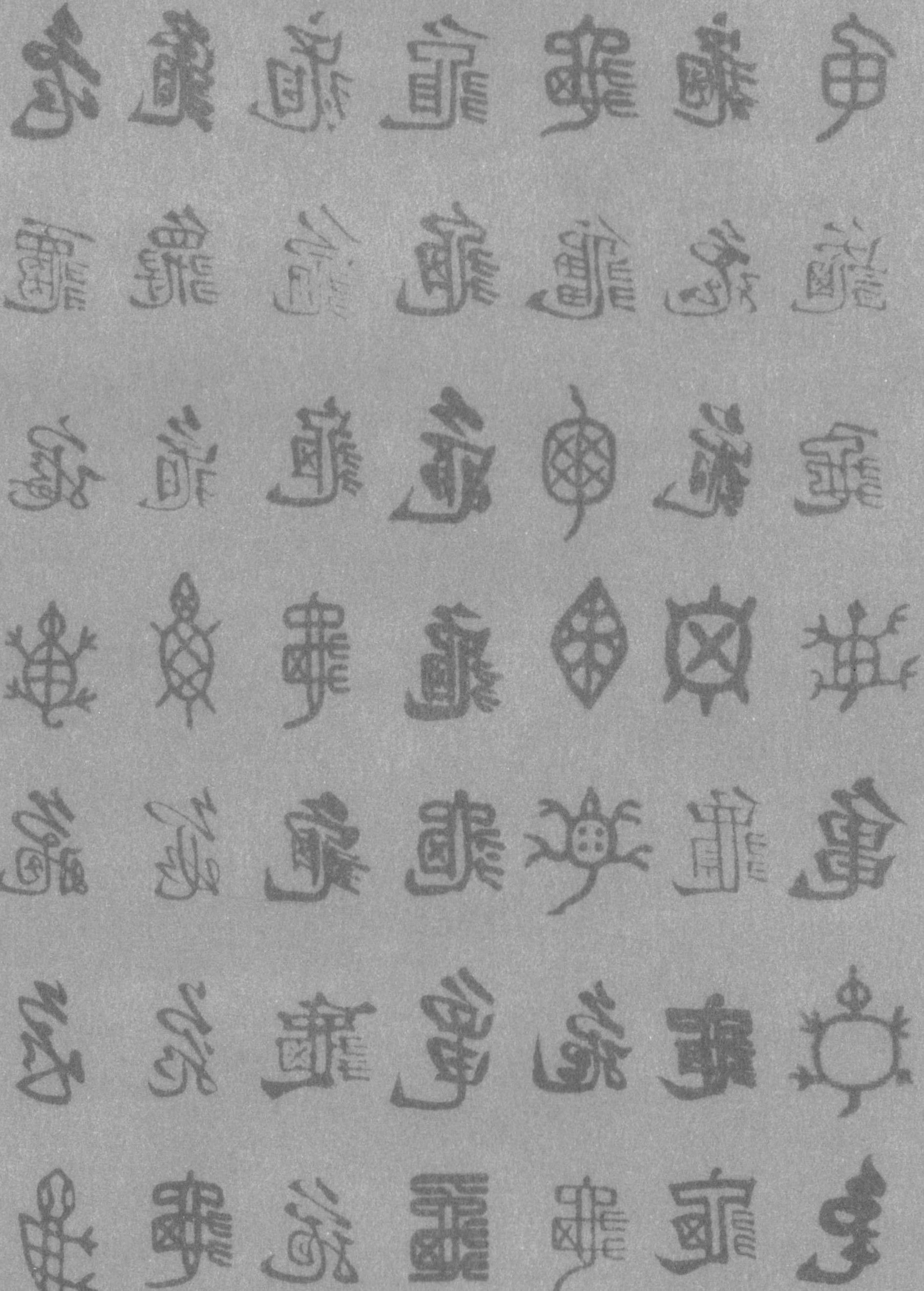

中华龟文化研究丛书

神龟五千年

郭晓博　张　兰　著

东北大学出版社

·沈阳·

ⓒ 郭晓博 张 兰 2019

图书在版编目（CIP）数据

神龟五千年 / 郭晓博，张兰著. --沈阳：东北大
学出版社，2019.7
ISBN 978-7-5517-2178-3

Ⅰ. ①神… Ⅱ. ①郭… ②张… Ⅲ. ①龟科—文化—
中国—通俗读物 Ⅳ. ①Q959.6-49

中国版本图书馆 CIP 数据核字（2019）第 160408 号

出 版 者：东北大学出版社
　　　　　 地址：沈阳市和平区文化路三号巷 11 号
　　　　　 邮编：110819
　　　　　 电话：024-83687331（市场部） 83680267（社务部）
　　　　　 传真：024-83680180（市场部） 83687332（社务部）
　　　　　 网址：http://www.neupress.com
　　　　　 E-mail:neuph@neupress.com
印 刷 者：辽宁一诺广告印务有限公司
发 行 者：东北大学出版社
幅面尺寸：170mm×240mm
印　　张：11.5
字　　数：216 千字
出版时间：2019 年 7 月第 1 版
印刷时间：2019 年 7 月第 1 次印刷
组稿编辑：牛连功
责任编辑：杨世剑 吕 翀
责任校对：周 朦
封面设计：潘正一
责任出版：唐敏志

ISBN 978-7-5517-2178-3　　　　　　　　　定 价：179.00 元

前 言

　　作为千万种普通爬行动物中的一种，龟在如今中国人的观念中被视为吉祥长寿的象征。但在古代，龟还承载着财富、灵性、王权、清廉、善良、知恩图报等更为丰富的文化内涵，受到人们的崇敬与热爱，其地位甚至曾在龙、凤、麟、虎之上。

　　陶阳、钟秀在《中国神话》一书中写道："在从开天辟地到大禹治水这一阶段，有龟故事七个，龟都是善的，保护人类的"。那么，龟为什么会被原始人当作崇拜的对象？这种龟崇拜与中国的文化又有着怎样深层次的关系呢？对这些疑问的思索与探讨，促使我们加快"龟文化"的研究进程。

　　据考证，远在古生代二叠纪和中生代三叠纪交替的时代，龟和恐龙等爬行动物一样，已经成为独立强大的家族。后来，随着地壳变迁及漫长的冰川期，大自然消灭了包括恐龙在内的绝大部分生物，龟因为具有强大而旺盛的生命力才得以繁衍至今。这也正是先民们对龟产生深深崇拜的原因。起初只是简单的动物崇拜，后来发展成为整个氏族、部落统一信念与意志的强大精神力量，即图腾。《国语·周语》载："我姬氏出自天鼋。"历史学家郭沫若根据《献侯鼎》铭文解读："天鼋二字，器铭多见，旧译为子孙，余谓当是天鼋即轩辕也。"《楚辞·河伯》注："鼋，大龟也。"由此可见，被尊崇为中华始祖的黄帝的部落就是以龟为图腾的。这些崇拜龟图腾的氏族、部落的图腾文化法则奠定了龟文化的基础。

　　一种文化观念的产生，不仅受其所处历史环境的影响，而且是当时生活的综合反映。龟文化起源可以追溯至原始社会。贾湖遗址出土的刻符龟甲及龟甲

1

响器，充分说明龟文化早在新石器时代的裴李岗文化中就已经初步形成。此外，在凌家滩遗址出土的归属于徽玉文化的玉龟、玉版，牛河梁遗址出土的归属于红山文化晚期的断足玉龟，山东大汶口遗址出土的归属于大汶口文化的龟甲响器及地平龟龟甲，等等，都说明了中国的龟文化历史悠久。

殷商时期，人们将占卦的内容刻于龟板上，从而留下"甲骨文"。商周时期，龟的图案被当作吉祥驱邪的信物，被广泛刻在青铜器上。至周代，人们对龟的崇拜延伸到朝廷，赋予龟神权与地位的象征。战国时期，大将的旗帜以龟为饰，令中军也以龟为号，龟已成为先行先知的灵物。汉武帝时期，钱币上铸有龟图案，同时出现了记载死者生前功绩、供后人瞻礼祭拜的神道碑。魏晋南北朝时期，神道碑和龟崇拜在时代背景中相结合，产生了龟形墓志，其中以现珍藏于南京博物院的《元显俊墓志》为典型代表。唐代武则天执政时将龟的灵威用于皇权的方方面面，把龟崇拜推至高峰：将传统的调兵遣将的虎符改为龟符；北方边陲的都护府改名为龟林府；要求五品以上官员都佩戴一种龟形的小袋，以区分官员品级的高低；等等。此外，在唐代，龟文化还传播到邻国，特别是日本。晚唐宋初，龟崇拜开始被普及到民间，既作为长寿、吉祥、富贵的标志，又作为清廉高洁、出尘脱俗等品质的象征，使得龟形砚、龟字名等与龟有关的东西备受文人雅士的推崇。宋代以后，龟文化表现出一定的扭曲与衰败之势。

纵观中华民族的发展历史，由图腾崇拜所产生的龟文化始终贯穿于其中，在政治、经济、天文、地理、建筑、考古、医学、军事、文学乃至人的意识形态、风土民情等方面都能体现出龟文化的身影。

随着历史的进步和发展，人们开始用科学的态度和历史的眼光重新审视五千多年积淀而成的龟文化。但不可否认的是，作为中华民族发展的图腾、崇拜和信仰的历史见证，龟文化是博大精深的中国传统文化的重要组成部分。

习近平总书记指出，中国优秀传统文化是中华民族的"根"和"魂"，体现着中华民族的文化基因，构成了中华民族共同精神家园的重要组成部分，历经五千多年绵延不断，要很好地传承和弘扬传统文化。本书正是在习近平总书记弘扬传统文化的感召下，怀着对中国优秀传统文化的尊崇与热忱之心创作而成的。书中载录了作者近几十年从全国各地收集的天然奇石象形龟百余尊，尊尊均为大自然的天然产物。它们经过了风之蚀、浪之琢，饱含妙趣无声的静态美。同时，每尊奇石龟均配有以龟历史事件、龟逸闻趣事、龟典故等为题材原创的诗歌一首。

本书以"奇石龟""龟的逸闻趣事""英文注释""原创诗歌""诗歌注释"的创新组合形式，将文学作品与厚重的龟文化遗产、奇石艺术紧密结合，生动鲜明地呈现了至今仍有丰富内涵与借鉴意义的龟文化，是一部集历史性、知识性、趣味性、文学性、借鉴性、研究性于一体的图书，适用于奇石爱好者、摄影爱好者、文学爱好者、适龄青年、大中专学生等阅读学习。

本书在创作过程中，借鉴和汲取了许多前辈的宝贵经验，也从其他从事龟文化研究的专家、学者那里得到了很多启发，更得到了中科公得素实业有限公司总经理郭晓南及总工程师宋本舜、安淑华，中京贸国际商务发展（北京）中心主任李岩军，北京大学物理系博士生导师王宏利，中国毛泽东思想研究院北京中心副院长滕洛堂，辽宁科技学院人文艺术学院院长任丽华，北京游课教育科技发展有限公司董事长郭晓晴，神龟国际文化传播有限公司工程师金鹏久、李连全及金融战略顾问王元鑫和特约顾问陆希、詹德奇、陈峰、黄金国、汪显亮、单鹏，澳大利亚格里菲斯大学硕士研究生王宇晨等的热情支持与关怀，在此对大家表示深深的敬意与真诚的感谢！

龟文化研究是一个博大而深邃的历史课题，鉴于目前能够取材的史料及诸多体裁的限制，有些内容很难一次性介绍完整；加之作者水平有限，在创作过程中难免会有纰漏，敬请各位专家、学者和广大读者商榷指正。

著者

2018年12月

目录

神龟颂（一）

轩辕姬氏出天鼋①，神龟转世历磨难②，

五千华夏盛衰史，万世一统借龟传③。

龟辅尧德集圣智④，禅位虞舜美名贤⑤。

沉璧洛河龟策献⑥，禹铸九鼎划九川⑦。

玄龟授意德能显，商汤伐夏帝尧坛⑧。

周设龟官掌龟事⑨，玄冥助力排君难。

纹龟为饰将帅旗，战国七雄兆军安⑩。

神龟指踪假砸力⑪，秦嬴锦城⑫筑残垣。

汉筑龟室藏龟宝⑬，通天彻地赛神仙。

北魏寿龟撰铭志⑭，辞彩绮丽伤春兰⑮。

唐制龟印置龟袋⑯，身后龟趺⑰伴幽⑱眠。

宋朝清雅风流土，龟堂⑲龟砚⑳写龟廉㉑。

元代贬龟风源地㉒，含屈负冤七百年，

龟子龟孙忘八㉓端，明朝贬龟违圣颜，

鄱阳龙虎风云斗，神龟救驾留美谈。

佛教龟藏㉔收六入，道教龟息㉕运丹田。

儒家仁孝育天下，《龟山操》㉖曲恸㉗皇天㉘。

轻怜重惜㉙察龟意，代为神龟做奇传。

【注释】

①《国语·周语》载："我姬氏出自天鼋。"历史学家郭沫若根据《献侯鼎》铭文解读："天鼋二字，器铭多见，旧译为子孙，余谓当是天鼋即轩辕也。"犹言出自黄帝。

②《太平御览·皇亲部》载："黄帝，有熊氏少典之子，姬姓也。母曰附宝，……见大电光绕北斗枢星照郊野，感附宝，孕二十五月，生黄帝于寿丘。"《淮南子·本经训》："瑶光者，资粮万物者也。"高诱注："瑶光，谓北斗杓第七星也。"《春秋运斗枢》曰："瑶光星散为龟。"

③黄帝部落与炎帝部落联合战胜蚩尤部落后，又逐渐与居住在其他地方的部落融合，形成了华夏族，汉以后称为汉族。在当时中原地区的民族和部落中，黄帝部落的力量较强，文明程度也较高，因而黄帝部落成为中原文化的代表。《史记·五帝本纪》载："轩辕乃修德振兵，治五气，艺五种，抚万民，度四方，教熊罴（pí）貔貅（pí xiū）貙虎，以与炎帝战于阪泉之野。三战，然后得其志。蚩尤作乱，不用帝命。于是黄帝乃征师诸侯，与蚩尤战于涿鹿之野，遂擒杀蚩尤。"

④《龙鱼河图》载："尧时与群臣贤智到翠妫（guī）之渊，大龟负图来，出授尧。尧敕臣下写取，写毕，龟还水中。"

⑤《宋书》卷二七载："（尧）率群臣沉璧于洛……玄龟负书而出……其书言当禅舜，遂让舜。"

⑥《尚书正义》载："天与禹洛出书。神龟负文而出，列于背，有数至于九。禹遂因而第之，以成九类常道。"沉璧，把精美的碧玉扔入河中，是古代祭祀的一种形式。

⑦相传，大禹划分天下为九州，令九州州牧贡献青铜，铸造九鼎，将全国的名山大川、奇异之物镌刻于九鼎之身，以一鼎象征一州，并将九鼎集中于夏王朝都城。《史记·封禅书》载："禹收九牧之金，铸九鼎。皆尝亨鬺（shāng）上帝鬼神。遭圣则兴，鼎迁于夏商。周德衰，宋之社亡，鼎乃沦没，伏而不见。"

⑧《宋书》卷二七载："汤乃东至于洛，观帝尧之坛，沉璧退立，黄鱼双踊，黑鸟随鱼止于坛，化为黑玉。又有黑龟，并赤文成字，言夏桀无道，汤当代之。"

⑨周朝宫廷内设有"龟官"，专办"龟事"，官名叫"龟人"。他是龟在朝廷中的代言人和代理人。龟人掌六龟之属，能直接参议天子的举止和言行。《周礼·春官宗伯》载："龟人掌六龟之属。各有名物。……祭祀先卜。若有祭事，则奉龟以往。旅，亦如之。丧，亦如之。"

⑩周朝后期，七雄争霸，战争频繁，各方求胜心切，在军事上更加崇拜龟，认为玄武龟旗飘扬，能鼓舞士气，使全军先知先觉，取得胜利。《宋史·兵志》卷一四八载："战国时，大将之旗以龟为饰，盖取前列先知之义，令中

军亦宜以龟为号。"

⑪《太平御览·鳞介部》卷三载："《华阳国志》曰：秦惠王十二年，张仪、司马错破蜀，克之。仪因筑城，城终颓坏。后有一大龟从硎而出，周行旋走。乃依龟行所，筑之乃成。"硎（xíng），磨刀石。

⑫秦嬴：秦王嬴政。锦城：成都别名。骆宾王《畴昔篇》："游戏锦城隈，埔高龟望出。"

⑬汉朝设有龟室，把龟与皇族祖宗供奉在一起，以此希冀保汉室江山千秋万代。《史记·龟策列传》载："龟者是天下之宝也，先得此龟者为天子……以言而当，以战而胜，王能宝之，诸侯尽服……今高庙中有龟室，藏内以为神宝……王勿遣也，以安社稷。"

⑭《元显俊墓志》现珍藏在南京博物院。上面为志盖，用阴线刻满四边形、五边形、六边形的龟甲纹样，龟甲中央阴刻正书"魏故处士元君墓志"八个字。下面镌刻着正书志文，志盖和志文上下相合，正好是一个完整的石龟，而且龟的首尾、四足毕具。把墓志制成象征长寿的龟形，意在祈求墓主在九泉之下得其永年。

⑮春兰：植物名，兰科，多年生草本，叶丛生。春季开花者称"春兰"，这里指英俊年少。〔北朝·齐〕刘昼《新论·殊好》载："春兰秋蕙，亦众鼻之所芳也。"

⑯唐代，人们对龟的崇拜达到高峰，这在皇权的方方面面都有体现。武则天执政时，五品以上的官员都佩戴一种龟形的小袋，名为龟袋，龟袋上分别饰有金、银、铜三种金属，即金龟袋、银龟袋、铜龟袋，以区分官员品级的高低。

⑰龟趺（fū）：又名赑屃、霸下等，在我国神话中传说是龙王九子中的老六。龟趺貌似龟而好负重，有齿，力大可驮负三山五岳。其背亦负以重物，现在多为石碑、石柱之底台及墙头装饰，属灵禽祥兽。

⑱幽：隐藏、不公开的，形容地方僻静且光线暗。

⑲龟堂：著名诗人陆游，早年号"放翁"，晚年号"龟堂"，取"龟贵""龟闲""龟寿"之意，他还用龟壳做了一顶两寸多高的帽子戴在头上，称为"龟屋"，俨然以龟自居。陆游还作有一首《龟堂》诗。

⑳砚：也称"砚台"，始于汉代，文房四宝之一。古代一些著名的文人学士不仅把砚台当成书法工具，还把砚台的规格和造型样式视同为砚主人人格文品和地位高低的标志。在砚台造型中，龟形砚最受尊崇，是标志人刻苦奋进、养廉立德的信物，形成了以龟为宝、无龟不贵、无龟不雅的风尚。

㉑龟廉：在中国龟崇拜的诸多神话中，龟给人的印象是：背甲高高隆起象征天，腹甲平而宽厚象征地，代表天地为人们明吉凶、言祸福，不偏不倚，唯义而从，公而无私；并且从善如流、操行脱俗、刚正不阿，被认为是做人的模范、修身的榜样。因此，龟也是清廉的代名词。《艺文类聚·祥瑞部下》载："孙氏瑞图曰：龟者神异之介虫也，玄采五色，上隆象天，下平象地，生三百岁，游于蕖叶之上，三千岁尚在蓍丛之下，明吉凶，不偏不党，唯义是从……"

㉒元朝建立后，取缔了以前汉文龟钮的官印制度。

㉓忘八：赵翼《陔余丛考》中载，"忘八"指忘记了"礼""义""廉""耻""孝""悌""忠""信"这八种品德的人，即忘记了做人的根本。

㉔龟藏（cáng）：龟遇到危险便将头尾及四足缩藏于甲中。《阿含经》载："佛告诸比丘，当如龟藏六，自藏六根，魔不得便。"

㉕龟息：道家修炼内功的一种方法，又名"玄武真定功""龟息真定功"，由潜心、潜息、真定、出定四部分组成。《脉望》载："牛虽有耳，而息之以鼻；龟虽有鼻，而息之以耳。凡言龟息者，当以耳言也。"意思是说，龟息导引，要以听息为之。《芝田录》曰："睡则气以耳出，名龟息，必大龟寿。"

㉖《龟山操》：中国古代著名的琴曲，孔子作于龟山（今新泰市谷里镇南）。〔东汉〕蔡邕《琴操》记载："《龟山操》者，孔子所作也。齐人馈女乐，季桓子受之，鲁君闭门不听朝。……于是援琴而歌云：'予欲望鲁兮，龟山蔽之。手无斧柯，奈龟山何！'"此曲喻季氏专权，孔子虽为代理宰相，但因政治理想与专权的季桓子不同而遭到冷落，想要改变局面但手无权柄、无可奈何的心态和情感。

㉗恸（tòng）：极悲哀，大哭。

㉘皇天：指道教神话中的皇天上帝、昊天上帝。旧时也指天、天道，常与"后土"并用，合称天地。《尚书·周书·武成》："告于皇天、后土"。

㉙轻怜重惜：形容百般怜爱。

神龟颂（二）

混沌①初开天地明，物竞天择万类应②，

华夏民族兴衰史，处处留有神龟影。

祭祀祖宗藉龟灵③，龟榼④盛酒乞神凝。

纵横天下举龟鼎⑤，面南背北⑥帝王庭。

龟印龟符⑦示官位，袭紫藏龟拜公卿⑧。

红丝垂纟龟衔绶⑨，金龟⑩雅婿蝶莺情。

同春龟鹤⑪戏莲叶⑫，百岁过后问龟龄⑬。

金玉琉璃⑭龟贝兴⑮，龟宝四品⑯凤琴鸣⑰。

五总灵龟千年聚⑱，寻史问典查龟经⑲。

御难避灾无畏惧，托地撑天真英雄。

世纪瑰宝⑳珍财富，代有神龟载传承。

【注释】

①混沌（hùn dùn）：古代传说中天地未开辟前元气未分、模糊一团的景象。《太平御览·时序部》卷二载："混沌相连，视之不见，听之不闻，然后剖判。"

②物竞：生物的生存竞争。天择：自然选择。应（yīng）：随、即。全句意为生物相互竞争，能适应者生存下来。

③藉（jiè）龟灵：藉，借助、凭借。这里指通过祭龟来祭祀祖宗神明的活动。

④龟榼（kē）：古代盛酒的器具，这里指祭祀用的酒器。

⑤龟鼎：元龟与九鼎，古代为国之重器，常用于比喻帝位。《后汉书·宦者传序》载："自曹腾说梁冀，竞立昏弱，魏武因之，遂迁龟鼎。"李贤注："龟鼎，国之守器，以喻帝位也。"

⑥面南背北：指登基当皇帝。

⑦龟印：雕成龟形印纽的印章。〔东汉〕卫宏《汉官旧仪补遗》卷上载："列侯黄金印龟纽，文曰印；丞相、大将军黄金印龟纽，文曰章。"

龟符：龟形的符节，旧指传国之宝及受命之符箓。〔南朝·齐〕谢朓《为王敬则谢会稽太守启》云："鸿恩妄假，复授龟符。"《说郛》卷二引〔唐〕张鷟《朝野佥载》："汉发兵用铜虎符。及唐初，为银兔符。至伪周，武姓也，玄武，龟也，又以铜为龟符。"《新唐书》卷一四载："天授二年，改佩鱼皆为龟。"

⑧袭：穿衣。紫龟：指金龟袋与紫服。拜：用一定的礼节授予某种名义或结成某种关系。

公卿：三公九卿的简称。《论语·子罕》："出则事公卿，入则事父兄。"

唐初，五品以上官员服装上皆佩鱼袋，三品以上着紫色公服。武则天执政时，改佩鱼袋为龟袋，三品以上官员的龟袋饰以金。唐中宗初年，罢龟袋，复佩鱼袋。宋承唐制，唯北宋元丰年间稍有更改——四品以上的官员佩金鱼袋，穿紫袍。〔北宋〕欧阳修《回贺环庆帅天章滕待制谢赐龟紫启》中载："伏以龟紫之重，唐制所难，武元衡、牛僧孺为宰相，裴度为中丞，李宗闵为学士，方有是赐。"

⑨龟衔绶（shòu）：龟纽印绶，借指官爵。《后汉书·列传·西域传》载："先驯则赏籯金而赐龟绶。"李贤注："龟谓印文也。"

⑩金龟：既可指用金制成的龟符，还可指以金作饰的龟袋，但无论所指为何，均须亲王或三品（北宋元丰年间为四品）以上官员才能佩戴，后世遂以"金龟婿"代指身份高贵的女婿。〔唐〕李商隐的《为有》诗曰："为有云屏无限娇，凤城寒尽怕春宵。无端嫁得金龟婿，辜负香衾事早朝。"

⑪同春龟鹤："龟鹤同春"。龟和鹤，古人以为长寿之物，故比喻长寿。

⑫戏莲叶："巢龟戏叶"。巢龟，传说中的神龟，为长寿吉祥之物。《史记·龟策列传》："有神龟在江南嘉林中。……龟在其中，常巢于芳莲之上。"

⑬龟龄：古人常以龟喻长寿。〔南朝·宋〕鲍照《松柏篇》："龟龄安可获，岱宗限已迫。"

⑭金玉琉璃：古代货币形制十分复杂，仅币材就有几十种，如铜、铅、铁、金、银、玉、龟、贝、牲畜、皮革、谷帛、纸张等。琉璃是一种有色半透明的玉石。《后汉书·西域传》载："土多金银奇宝，有夜光璧、明月珠、骇鸡

犀、珊瑚、虎魄、琉璃、琅玕、朱丹、青碧。"

⑮龟贝兴（xīng）："龟贝"指龟甲和贝壳，古代也用作货币，至秦而废；"兴"指流行、盛行。《史记·平准书》载："农工商交易之路通，而龟贝金钱刀布之币兴焉。"〔南朝·齐〕王融《永明九年策秀才文》中载："既龟贝积寝，缗繦专用。"〔元〕刘基《赠道士蒋玉壶长歌》曰："琉璃云母龟贝朋，琳房璧甓珵阶升。"

⑯龟宝四品：龟币的总称。西汉王莽篡位后，罢错刀、契刀及五铢钱，更作金、银、龟、贝、钱、布六种钱币。龟币又分元龟、公龟、侯龟、子龟四品，子龟币值最小。《汉书·食货志下》载："公龟九寸，直五百，为壮贝十朋。"

⑰风琴鸣：汉武帝时造龙文、马文、龟文之币，龟文者值三百。《古钱徵信录》载："有一龟币，形制恢异，中如琴，背作龙池风沼状，而置动龟于内，可上可下，首尾足具备。"

⑱唐代殷践猷博学多文，贺知章称其为"五总龟"。〔唐〕颜真卿《曹州司法参军秘书省丽正殿二学士殷君墓碣铭》载："（殷践猷）博览群言，尤精《史记》、《汉书》、百家氏族之说，至于阴阳、数术、医方、刑法之流，无不该洞焉。与贺知章、陆象先、我伯父元孙、韦述友善，贺呼君为五总龟，以龟千年五聚，问无不知也。"

⑲龟经：记录龟卜之术的书，著者及年代均不详。《隋书·经籍志》曾著录春秋时期晋国掌卜大夫史苏《龟经》一卷；《新唐书·艺文志》曾著录柳彦询、柳世隆《龟经》各三卷，刘宝真、王弘礼、庄道名、孙思邈《龟经》各一卷，今皆不传。

⑳瑰（guī）宝：贵重而美丽的宝物，这里喻指特别珍贵的精神财富。

荷重母亲龟

——神龟渡劫义救兄妹

天灾地劫^①混沌前，伏羲女娲^②临磨难。

龟腹护佑百天满，又施巧计配姻缘^③。

龟山龟洞龟为伴，抟土造人^④建家园。

玄元黄帝伏羲是，人皇玄母女娲担。

天神真武^⑤获钦封^⑥，承史为龟做奇传。

【注释】

①天灾地劫：灾难，劫难。

②伏羲女娲：伏羲，华夏民族人文先始、"三皇"之一，我国文献记载最早的创世神。女娲，我国上古神话中的创世女神，华夏民族人文先始。

③姻缘：旧时谓婚姻的缘分。《京本通俗小说·志诚张主管》："开言成匹配，举口合姻缘。"这里指乌龟用计谋让伏羲女娲兄妹结为夫妻。

④抟土造人：相传，女娲以黄泥仿照自己抟土造人，一日中七十变化，创造人类社会并建立婚姻制度；后因世间天塌地陷，于是熔彩石以补苍天，斩鳖足以立四极，留下了女娲补天的神话传说。

⑤天神真武：据《太上说玄天大圣真武本传神咒妙经》载，真武大帝是太上老君第八十二次变化之身，托生于大罗境上无欲天宫，净乐国王善胜皇后之子。"玄武"一词原是二十八宿中北方七宿的总称。玄武七宿之形如龟蛇，"位在北方，故曰玄，身有鳞甲，故曰武"。北宋时期宋真宗、宋徽宗，南宋时期宋钦宗等对真武大帝屡有加封。明成祖崇奉真武，御用的监、局、司、厂、库等衙门中，都建有真武庙，供奉真武大帝像。

⑥钦（qīn）封：封建时代指皇帝亲自所做。

名称：荷重母亲龟
石种：天然原石
规格：53 cm × 28 cm × 19 cm

　　传说，十二万年前天地一片混沌。一天，伏羲和女娲兄妹二人上山去砍柴，在路过一条河时，河里的一只大乌龟告诉他们100天后将有天灾降临。果然，第101天的清晨，雷电交加，暴雨倾盆。危难之际，乌龟把兄妹二人吞到肚子里保护起来，躲过了天灾。灾难过后，乌龟让他们住在玄元山玄元洞（龟山龟洞）中，又施巧计让兄妹二人结为夫妻。在玄元洞前，女娲捏黄土创造了女人，伏羲创造了男人，从此男女婚配，繁衍出世世代代的黄种人。

　　According to legend, heaven and earth were in chaos 120,000 years ago. One day, Fuxi and Nuwa, as brother and sister, when going up the hill to chop up sticks, passed by a river, where a big turtle told them that a natural disaster would happen on the 100th day. As said, in the morning of the 101th day, with lightening accompanied by peals of thunder, a drenching rain came, so the turtle swallowed the brother and sister to protect them from the natural disaster. The turtle arranged them to live in Xuanyuan Hole at Xuanyuan Mountain （turtle hole at turtle mountain）, and by skillful manoeuvre, made the brother and sister become husband and wife. In front of Xuanyuan Hole, Nuwa created woman by kneading the loess, while Fuxi created man; since then, man and woman got married, and reproduced generations of yellow race.

9

荷重母亲龟

忧民护国龟

——龟堂戎装忠扶社稷

龟堂老叟^①羡龟名，

巧裁龟冠^②效龟行，

抗金报国雄才智，

碧血丹心^③品自清。

【注释】

①龟堂老叟：指陆游。

陆游，字务观，号放翁，越州山阴（今绍兴）人，南宋文学家、史学家、爱国诗人。陆游在南宋诗坛上占有非常重要的地位，他的诗歌对后代的影响极为深远。特别是清末以后，当国势不振时，人们常怀念陆游的爱国主义精神，陆诗的爱国情怀也因此成为鼓舞人们反抗外来侵略的精神力量。

②巧裁龟冠：陆游晚年在绍兴隐居时，曾用龟壳做了顶两寸多高的帽子。他将龟壳做的帽子称为"龟屋"，并在《自咏》中写道："龟屋裁小冠，鹿皮制短裘。"在《近村暮归》中写道："鲎樽恰受三升酝，龟屋新裁二寸冠。"（自注："予近以龟壳作冠，高二寸许。"）

③碧血丹心：满腔正义的热血，一颗赤诚的红心，形容忠诚、坚定。《庄子·外物》载："苌弘死于蜀，藏其血，三年而化为碧。"

名称：忧民护国龟
石种：天然原石
规格：17 cm × 12 cm × 19 cm

　　陆游，号放翁，晚年改自号为"龟堂"，自裁龟帽。关于为何以"龟堂"为号，诗人没有明确的说明。俞正燮根据陆游的有关诗作分析认为，"取龟有三义"：一指龟章（即官印），取其贵；二指泥中龟，比喻自由自在的隐居生活，取其闲适；三指龟可活千年，取其长寿。因此，年长的人喜欢用此号，其中有老而无用之谦，又有年高寿长之慰。

　　Lu You, also called Fangweng, named himself Turtle Hall and made a turtle hat in his later years. About why to name as "Turtle Hall", the poet gave no clear explanation. Through analysis on relevant poems of Lu You, Yu Zhengxie held that, "Naming as turtle has three meanings": First, turtle stamp （i.e. official chop）, which carried the meaning of nobleness. Second, turtle in mud, metaphor for a life of freedom and seclusion, which carried the meaning of leisure and comfort. Third, turtle can live for a thousand years, which carried the meaning of longevity. As such, elderly people were happy to use it, showing the modesty of being old and unfit for anything, and also the consolation of advanced age and long life.

忧民护国龟

仙羽八卦龟

——演阴绎阳龟图取象

龙马黄河出绿图[①]，神龟洛水负丹书[②]。

白龟[③]襄助人文祖，推演八卦著新谱。

九转仙丹八卦炉，诸葛破阵八卦服。

针灸子午流注法，仓颉造字[④]有从无。

丹甲[⑤]青文赐祥瑞，千秋功绩万代福。

【注释】

①绿图：指《河图》。相传，上古伏羲氏时，洛阳东北孟津县境内的黄河中浮出龙马，背负《河图》，献给伏羲。伏羲受白龟背甲的启发，破解了河图的奥秘，一画开天而演成八卦。

②丹书：指《洛书》。相传，大禹时，洛阳西洛宁县洛河中浮出神龟，背驮《洛书》，献给大禹。大禹依此治水成功，遂划天下为九州。又依此制定九章大法，治理社会，流传下来收入《尚书》中，名《洪范》。

《周易·系辞上传》有"河出图，洛出书，圣人则之"之说。

《周易》和《尚书·洪范》两书，在中华文化发展史上有着重要的地位，在哲学、政治学、军事学、伦理学、美学、文学诸领域产生了深远影响。作为其历史文化渊源的《河图》《洛书》，功不可没。

③白龟：白龟在古代被视为神灵的化身，甲壳被用于占卜。据淮阳有关史料记载，白龟系伏羲定都淮阳后，从蔡水得之，凿池蓄养之，仰观于天，俯察于地，中观万物，根据天地变化取象龟图，绘出八卦。

《太平广记》卷二二六载："炀帝别敕学士杜宝修《水饰图经》十五卷，新成，以三月上巳日，会群臣于曲水，以观水饰。有神龟负八卦出河，进于伏牺、禹治水……"

④《策海·大书》载："仓颉登阳虚之山，临于元扈洛之水，灵龟负书，丹甲青文，仓帝受之，遂穷天地之变，仰观奎星圆曲之势，俯察龟文、鸟迹、山川、指掌而创文字。"

⑤丹甲：赤色的龟甲。

名称：仙羽八卦龟
石种：天然原石
规格：13.5 cm×9 cm×8 cm

　　太极八卦图是中华文化史上一颗让我们引以为傲的古老的灿烂明珠。传说，太上老君把太极八卦图铸在炼丹炉上，炼出了九转仙丹；诸葛亮用八卦图行军打仗，为刘皇叔争得三分天下；古代针灸学中的"子午流注法""灵龟八法"及健身学中的太极拳、八卦掌，均以八卦为基础，帮助人们强身健体。

Tai Chi & Eight Diagrams is one of the oldest and brightest pearls in the history of Chinese culture. According to legend, Lord Laozi cast Tai Chi & Eight Diagrams on an alchemy furnace, and produced Ninth Refined Elixir; Zhuge Liang used Eight Diagrams for marching and war, and occupied one third of the territory for Liu Bei; "Midnight - Noon Ebb - Flow Acupoint Selection" and "Eight Methods of Intelligent Turtle" in ancient science of acupuncture and moxibustion, as well as Tai Chi & Eight Diagrams Palm in science of fitness, were all based on Eight Diagrams, with an aim to make people strong and healthy.

13

仙羽八卦龟

鸟蛙纪纹龟

——仓颉造字天粟鬼哭

文体有六篆①，巧妙造化神。

或似龟甲背，间有比龙鳞。

仰观奎星②势，俯察鸟迹文。

神龟助绵力③，造字为古文④。

【注释】

①六篆（zhuàn）：篆书体，是中国书法字体中的一种。"体有六篆"出自蔡邕《篆势》："字画之始，因于鸟迹，仓颉循圣，作则制文。体有六篆，要妙入神。或象龟文，或比龙鳞，纤体效尾，长翅短身。"

②奎星：二十八宿之一，西方白虎宫的七宿之首，传说是主宰天下文运的大吉星。

③《河图玉版》载："仓颉为帝，南巡狩，蹬阳虚之山，临于元扈洛汭之水。灵龟负书，丹甲青文以授之。"

④据《说文解字》记载，仓颉是黄帝时期造字的左史官，见鸟兽的足迹而受到启发，将其分类别异，加以搜集、整理和使用，在汉字创造的过程中起了重要作用，被尊为"造字圣人"。

相传，仓颉造字成功之日，举国欢腾，感动上苍，把谷子像雨一样哗哗地降下来，吓得鬼怪夜里啾啾地哭。《举证南子》卷八载："仓颉作书，而天雨粟，鬼夜哭。"《鹖冠子·王铁》中宋人陆佃解说："《传》曰：'天雨粟，鬼夜哭'，方是之时，至德衰矣。"仓颉造字之前，"至德玄同"，而仓颉造字之后，"至德衰矣"。仓颉发明文字，堪称惊天地、涕鬼神的壮举。

名称：鸟蛙纪纹龟
石种：天然原石
规格：33 cm×22 cm×12 cm

　　甲骨文是中华文化史上不可估价的灿烂瑰宝，它的发现，使中华民族有文字的历史提前了一千多年，成为人类历史上最早有文字的民族之一。这些刻在龟甲上的文字，还为后来的仓颉造字提供了很大的助益。

Oracle is recognized as a magnificent jewel of inestimable value in the history of Chinese culture. Because of its discovery, we have a written history of more than a thousand years earlier, becoming one of the first great ancient nations to have written language in all mankind. These inscriptions on bones or turtle shells also contributed significantly to Cangjie making characters subsequently.

鸟蛙纪纹龟

丞相佑亲龟

——翠妫之渊神龟献瑞

帝尧①之母曰庆都，生尧丹陵黄龙覆②。

翠妫之渊③集贤智，大龟辅佐献瑞图。

遂蕴④丰年歌舞平，盛德大业立国兴。

沉璧于洛⑤礼毕成，玄龟背甲赤文生⑥。

闿⑦色授位传天命，禅⑧帝虞舜⑨传美名。

【注释】

①尧：传说中上古时期的部落联盟首领。因其杰出的才干，被后世尊为"帝"，列入"五帝"。尧为帝喾次妃陈锋氏女庆都所生，姓伊祁，名放勋，号陶唐，谥曰尧，因曾为陶唐氏首领，故史称"唐尧"。《后汉书·郡国志》唐县条引注："《帝王世纪》曰：尧封唐，尧山在北，唐水西入河，南有望都。"

②尧的母亲叫庆都。相传，她梦黄龙绕体感而有孕，生尧于丹陵。

③翠妫之渊：现河北省涿鹿县桑干河南的一座古城，名保岱。尧舜时，这里名翠妫州。

④蕴（yùn）：本意指积聚、蓄藏，也指包藏、包含。《左传·昭公二十五年》载："众怒不可蓄也，蓄而弗治，将蕴。"

⑤洛水亦称"洛"，自古被视为神河，是黄帝、尧、禹等举行祭天典礼，祈盼天降祥瑞、河清海晏的朝圣之地。

⑥《宋书》卷二七载："（尧）率群臣沉璧于洛……玄龟负书而出，背甲赤文成字，止于坛。"

⑦闿（kǎi）：同"恺"，欢乐。

⑧禅（shàn）：指统治者把部落首领之位让给有才华、有能力的人，让更贤能的人统治国家。

⑨《史记·五帝本纪》载："天下明德皆自虞帝始。"这里说的"虞帝"即舜，又称舜帝、帝舜，姚姓，有虞氏，名重华，是上古五帝之一。相传，舜两眼都是双瞳仁，故名重华。据载，"舜母感枢星之精而生舜重华"。

名称：丞相佑亲龟
石种：天然原石
规格：33 cm×16 cm×23 cm

据史料记载，尧、舜做人宽宏大度，任人唯贤。尧禅位前，把舜放在最困难的环境里考察了三年，合格后自动让位。尧如此大贤大能，把中华大地建成一片乐土，亦是在龟的授意下进行的。由此可见，龟在创建古代的太平盛世、倡导禅让制方面，做出了不可磨灭的贡献。

Our Chinese nation are proud of exemplary person named Yao and Shun. They all large-minded. Before Yao passed the throne to Shun, he put him in the most difficult environment to study for three years. After Shun passing the inspection, Yao automatic to give him the throne, Yao is so virtuous. The land of China to be built a piece of paradise, is also at the suggest of the turtle. "Bamboo annals" carrier: when Yao worshipped ancestors, a turtle came out of the river with a red word on his back, tell Yao that he should pass the throne to Shun, so Yao took the throne to Shun. In the creation of the ancient system, advocating a time of national peace and order, the turtle has made a great contribution to created a peaceful world.

17

丞相佑亲龟

天命承史龟

——越裳献龟朱书传史

盘古①初开天地分，清气飞升浊气沉②。

乾坤③始定至陶唐④，结绳记事⑤恐非真。

越裳献龟⑥承天意，背甲列字蝌蚪文⑦。

帝尧纂录⑧载青史，朱书龟历传后人。

【注释】

①盘古：中国古代传说中开天辟地的神。〔唐〕欧阳询《艺文类聚》卷一引〔三国·吴〕徐整《三五历纪》："天地混沌如鸡子，盘古生其中。万八千岁，天地开辟，阳清为天，阴浊为地。……盘古日长一丈，如此万八千岁。天数极高，地数极深，盘古极长。后乃有三皇。"

②《黄帝内经·素问·阴阳应象大论》载："故清阳为天，浊阴为地。……故清阳出上窍，浊阴出下窍。"

③乾坤：《易经》的乾卦和坤卦，借指天地、阴阳或江山、局面等，这里指国家。《敦煌曲子词·浣溪沙》："竭节尽忠扶社稷，指山为誓保乾坤。"

④陶唐：指尧。

⑤结绳记事：文字发明前，原始先民广泛使用的记录方式之一，即在一条绳子上打结，用以记事。《易经·系辞传下》载："上古结绳而治，后世圣人易以书契，百官以治，万民以察。"《春秋左传集解》云："古者无文字，其有约誓之事，事大大其绳，事小小其绳。"

⑥陶唐时代，越裳国献上一只千年神龟。"越裳"是中国典籍记载的古代部落，具体位置已无从考证。根据越南历史学家陈仲金的考证，越裳位于今日越南广平省、广治省一带。

⑦蝌蚪文：据古文字学家考证，蝌蚪文也叫"蝌蚪书""蝌蚪篆"，是书体的一种，因头粗尾细形似蝌蚪而得名。

⑧纂（zuǎn）录：编撰记载。

名称：天命承史龟
石种：天然原石
规格：29 cm × 13 cm × 7 cm

　　传说尧帝在位的时候，越裳国献给他一只千岁神龟。这只龟身长三尺有余，背甲上刻着一种蝌蚪形状的文字，记载了盘古开天辟地以来的所有历史，尧帝便命令编撰官把文字刻录了下来。这就是蝌蚪文的来历，也谓之"朱书龟历"。

　　There was a legend that the State of Yuechang once offered a supernatural turtle to Yao as a tribute. The one thousand years old turtle was about one meter long with tadpole shape text on its back. That was a complete record of the history since Pangu separated heaven from earth. Yao ordered the historiographer to copy down the scripts. That was the origin of tadpole-like characters, also called as the turtle notes written in red scripts.

天命承史龟

灵壁奇纹龟

——千岩竞秀龟纹藏谜

奇峰伟岸藏龟纹，

经天纬地禅意深。

逶迤①连绵山有色，

行云流水②了无痕。

意蕴幽长识古趣，

虎啸龙吟③咫尺④闻。

【注释】

①逶迤（wēi yí）：曲折绵延貌。《淮南子·泰族训》："河以逶蛇故能远，山以陵迟故能高。"

②行云流水：形容诗文、书画、歌唱等自然流畅。这里指龟纹自然流畅。〔明〕谢榛《四溟诗话》卷一："诵之行云流水，听之金声玉振。"

③虎啸龙吟：像虎在啸，龙在鸣。形容声音雄壮而嘹亮，也可形容相关的事物互相感应。

④咫（zhǐ）尺：形容距离近。《左传·僖公九年》载："天威不违颜咫尺。"

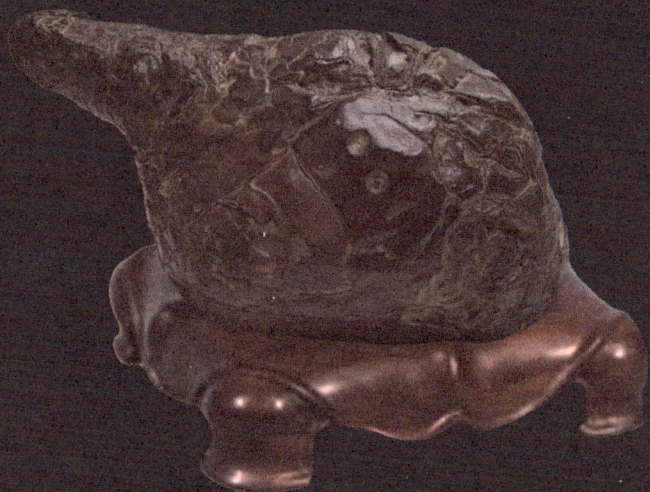

名称：灵璧奇纹龟
石种：天然原石
规格：38 cm×16 cm×17 cm

　　龟纹石因表纹酷似龟背纹而得名。有些龟纹石形态奇特，状似风云人物、飞禽走兽、山峦缩景等，形象生动，天然成趣。其形态有竖层结构和横层结构两种。用龟纹石可以制成不同风格的山水盆景和树石盆景，观来颇为赏心悦目。

　　Moire stone is so named because its surface pattern resembles a turtle back pattern. Some moire stones have a peculiar shape, looking like men of the hour, birds and animals, mountains and epitomized scenery, etc., vivid and naturally interesting. Its shape has either a vertical layer structure or a horizontal layer structure. Moire stones can be made into bonsai of mountains, waters, trees and stones in different styles, a feast for eyes.

灵璧奇纹龟

立德咏怀龟

——文辞赡逸借龟抒怀

凤池龙壁[1]砚有型，

神龟负图[2]载圣名。

雾兴云覆含源水[3]，

墨润寒暑绘丹青。

泼洒春风抒长志[4]，

登云步月[5]奉龟行。

【注释】

①凤池龙壁：指凤池砚。凤池砚属罗纹山旧坑歙石，在南唐及北宋时期最受欢迎。该砚石材、石色青碧晶莹，质密细润，为角浪水波图纹，是歙砚老坑石中最为名贵的一种。

②神龟负图砚最为宋代文人所推崇。张少传《石砚赋》载："原夫匠石流盼，藻莹生辉，象龟之负图乍伏，如鹊之缄印将飞。"

③唐代砚台主要有泥陶砚、石砚和瓷砚，还有铜砚、铁砚、漆砚、玉砚等。澄泥砚是陶砚的一种。龟形澄泥砚始于汉代。现存汉代龟形陶砚有直颈、曲颈单龟，有交颈接尾双龟；砚盖为龟背，上刻龟背纹；龟壳掀开，现腹中凹槽，正可研磨，构造甚是精妙。《太平御览·文部》卷二二载："傅玄《水龟铭》曰：铸兹灵龟，体象自然。含源味水，有似清泉。润彼元墨，染此柔翰。申情写意，经纬群言。"

④孔子一生从事教育事业，被后人尊为"万世师表""至圣先师"。相传，孔子有一方龟形砚。苏易简《文房四谱》卷三载："伍缉之《从征记》云：鲁国孔子庙中有石砚一枚，制甚古朴，盖夫子平生时物也。"

⑤登云步月：攀上云霄，登上月亮，形容志向远大。〔明〕谢谠《四喜记·赴试秋闱》："我劝你休带怜香惜玉心，顿忘步月登云志。"

名称：立德咏怀龟
石种：天然原石
规格：17 cm×12 cm×19 cm

砚，也称"砚台"，始于汉代，是文房四宝之一。古代一些著名的文人学士，不仅把砚台当成书法工具，还将其规格和造型样式视为砚主人人格文品和地位贵贱的标志。在砚台造型中，以龟形砚最为高贵，寓意刻苦奋进、养廉立德，并形成了以龟为宝、无龟不贵、无龟不雅的风尚。

Inkstone started in the Han Dynasty, known as one of four stationery treasures of the Chinese study. Some famous scholars in ancient times not only used inkstone as a tool for calligraphy, but also considered the specification and style of inkstone as a mark of the inkstone owner's literary quality and social status. Among inkstone shapes, turtle-shaped inkstone is the noblest one, a symbol of working hard, struggling ahead, nourishing honesty and establishing morality, which forms a fashion of treating turtle as treasure and losing nobleness or elegance if without turtle.

立德咏怀龟

揽镜齐贤龟

——借镜观形日省三身

灼龟问卜查龟经，

对镜自揽正衣襟。

德高自有神冥^①佑，

心正方得眉目清。

功标青史薄名利，

乾坤浩荡^②祥瑞呈。

贤圣珍之为茂宝^③，

立德齐身揽^④龟镜^⑤。

【注释】

①神冥：神灵。

②浩荡：形容广阔或壮大。

③茂宝：大、盛大。《三国志·吴书》："以旌茂功，以慰劬劳。"

④揽：同"览"，观看。

⑤龟镜（龟鉴）：龟可卜吉凶，镜能辨美丑，这里比喻可供人对照学习的榜样或引以为戒的教训。《隋书·列传·卷二十三》载："五帝之圣，三代之英，积德累功，乃文乃武，贤圣相承，莫过周室，名器不及后稷，追谥止于三王，此即前代之茂实，后人之龟镜也。"

名称：揽镜齐贤龟
石种：天然原石
规格：29 cm×13 cm×14 cm

龟可卜吉凶，镜能辨美丑，因此以龟镜比喻可供人对照学习的榜样或引以为戒的教训。正所谓"以铜为镜，可以正衣冠；以古为镜，可以知兴替；以人为镜，可以明得失"。

As turtle can tell good or bad fortune, while mirror can distinguish beauty and ugliness, such as, turtle mirror is used as metaphor of a role model for people to learn from or a lesson that shall be take as a warning. Like the old saying, take copper as mirror, can rectify dress; draw lessons from histroy, one know dynasties changed; person as mirror, can understand gains and losses clearly.

叠峦负重龟

——神鳌断足女娲补天

共工①颛顼②争为帝，怒触不周③天柱折。

地维④绝，天倾北，日月星辰移本位。

猛兽食颛民，鸷鸟⑤攫⑥老弱。

女娲慈母心，炼石补天祸。

神龟驮彩石，力尽无悔过。

又断鳌足安四极⑦，恶龙受死淫水⑧落。

功盖日月擎天柱，德冠古今镇地石。

【注释】

①共工：炎帝裔。据《山海经·海内经》载："炎帝之妻，赤水之子听訞生炎居，炎居生节并，节并生戏器，戏器生祝融，祝融降处于江水，生共工。"

②颛顼（zhuān xū）：传说中的五帝之一，黄帝的后裔。《淮南子·兵略训》曰："共工为水害，故颛顼诛之。"

③不周：山名，即不周山，传说是天地之间的支柱。

④地维：系大地的绳子。古人以为天圆地方，天有九柱支持，地有四维系缀。

⑤鸷鸟（zhì niǎo）：凶猛的鸟。出自《鬼谷子·本经阴符七术·散势法鸷鸟》。

⑥攫（jué）：抓取。

⑦四极：古代神话传说中四方的擎天柱。

⑧淫水：泛滥溢流的大水。

名称：叠峦负重龟
石种：天然原石
规格：30 cm×6 cm×17 cm

　　传说，颛顼是黄帝的孙子，共工氏是炎帝的后代，二者之间曾发生过一场十分激烈的斗争。战斗中，共工氏把不周山拦腰折断，天地之间发生了巨变，人们流离失所。女娲娘娘为解万民倒悬之苦，炼出五色彩石，请大龟将石料驮到天塌的地方。龟又主动要求女娲娘娘砍断自己的四足，把天支撑起来，女娲娘娘这才得以把天按原样修复。从此，人们过上安居乐业的生活。

　　According to legend, Zhuanxu was a grandson of Yellow Emperor. Gonggong was a descendant of Yan Emperor. There was once a fierce battle between Zhuanxu and Gonggong. During the battle, Gonggong broke Buzhou Mountain from the middle, which caused radical changes between heaven and earth, while people were displaced. To release people from misery, Nuwa made five-color stones, and asked the big turtle to carry these stones to the place where heaven fell. The turtle voluntarily requested Nuwa to cut its four feet and used them to support heaven. Only in this way could Nuwa have restored heaven to its original state, and since then, people lived in peace and contentment.

叠峦负重龟

探月陨图龟

——鸣条大捷商侯拜亳

玄鸟①陨卵落玄丘②，简狄③吞生契④才有。

十三主癸⑤扶都妃⑥，白气贯月生汤后⑦。

南亳⑧勤修德位正，东祭洛水受天命。

黄鱼双踊黑鸟随⑨，黑龟赤文出洛水。

王桀⑩无道当伐之，取商代夏⑪太平始。

【注释】

①玄鸟：我国古代神话传说中的神鸟，初始形象类似燕子。《山海经·海内经》载："北海之内，有山，名曰幽都之山，黑水出焉。其上有玄鸟、玄蛇、玄狐蓬尾……"

②玄丘：传说中的地名。

③在我国古代传说中，简狄是商朝始祖契之母，因吞食燕卵（鸟蛋），破胸生产了商族的始祖契，被商人顶礼膜拜达600年之久。

④契：相传是帝喾与简狄之子、帝尧异母兄，被帝尧封于商（今河南省商丘市），主管火正，部族以地为号，称"商族"，后世尊称其为"商祖""火"。

⑤主癸（guǐ）：商朝开国君主成汤的父亲。

⑥扶都妃：主癸的妃子，汤的母亲。《宋书》卷二七载："主癸之妃曰扶都，见白气贯月，意感，以乙日生汤，号天乙。"

⑦商汤即成汤，姓子，名履，又名天乙，河南商丘人。汤是契的第十四代孙，主癸之子，商朝开国君主。

⑧南亳：今河南省商丘市虞城县谷熟镇西南。

⑨黄鱼双踊（yǒng）黑鸟随：踊，往上跳。全句意为：两条黄鱼一起从水里跳出来，水面上飞着一只黑色的大鸟，到达祭坛的时候，都停了下来。

⑩桀（jié）：史称夏桀，夏朝最后一位君主，历史上有名的暴君。

⑪取商代夏：夏朝末年，商汤在景亳（今河南商丘市梁园区）誓师，宣告夏桀的罪行，兴兵伐夏。商军大败夏军于鸣条，最终灭夏。之后，商汤率军返回景亳，召开三千诸侯大会，被推举为天子，定国号为"商"。商汤成为商朝的开国君主。

名称：探月陨图龟
石种：天然原石
规格：27 cm×9 cm×14 cm

　　传说，禹死后儿子启继承王位，建立了中国历史上第一个奴隶制国家——夏朝。但第十六代王桀昏庸无道，致使民不聊生。一次，当时居住在亳地的商族领袖成汤东去洛水祭祀帝尧之坛，看到有黑龟出水，其背甲上有赤色纹组成的字——"夏桀无道，汤当伐之"。于是汤接受龟文的示意，起兵伐夏，建立商朝。

　　According to legend, after the death of Yu, his son Qi succeeded to the throne, and established Xia Dynasty, the first slave state in Chinese history. However, the 16th emperor Jie was fatuous and brutal, putting people in misery. Tang was a leader of Shang Tribe who lived in Haodi at that time. Once, he went east to Luoshui to offer sacrifices at the altar of Emperor Yao, where a black turtle came out of Luoshui with red characters on its shell, which said the emperor Jie of Xia Dynasty was cruel, and Tang should lead an army to fight against him. So, Tang accepted the message from turtle characters, led an army to fight against Xia, and established the Shang Dynasty.

南陀双峰龟

——魂化双峰龟山镇淮

鲧后三年腹中开，天神大禹降世来。

宏愿齐天承父志①，疏通河道治水灾。

九川②八河皆驯服，唯余淮河不入海。

水神③暗中做古怪，龟化双峰镇临淮。

咆哮河水东归去，华夏天地始安泰。

【注释】

①"鲧禹治水"是中国古代神话故事，源自著名的上古大洪水传说。相传，三皇五帝时期，黄河泛滥。作为黄帝的后代，鲧、禹父子二人先后受命于唐尧、虞舜二帝，分别任崇伯和夏伯，负责治水事宜。鲧治水九年，大水没有消退，舜革去了鲧的职务，将他流放到羽山，后来鲧就死在那里。大禹继承父亲的遗志，率领民众与洪水斗争，最终取得胜利。

②九川：古代分中国为九州，即冀、兖、青、徐、扬、荆、豫、梁、雍，这里泛指全国的土地。《尚书·虞书·益稷》载："予决九川，距四海。"

③《太平御览·神鬼部》卷二载："禹治水止桐柏山，乃获淮涡水神，名曰无支祁，祁善应对言语，辨淮之浅深，源之远近。形若猕猴，缩鼻高额……遂颈锁大铁，鼻穿金铃，从淮之阴，锁龟山之足，淮水乃安流，注于海。"

龟山位于淮河入洪泽湖的咽喉，三面临水，形似一只巨龟匍匐在淮水之中。宋诗人杨万里在《龟山塔》中有"龟山独出压淮流"之说。

〔明〕陶宗仪《辍耕录·淮涡神》载：《地志》云：水神在临淮县龟山之下……禹获之，锁其颈于龟……有青猕猴跃出水，复没而逝。"

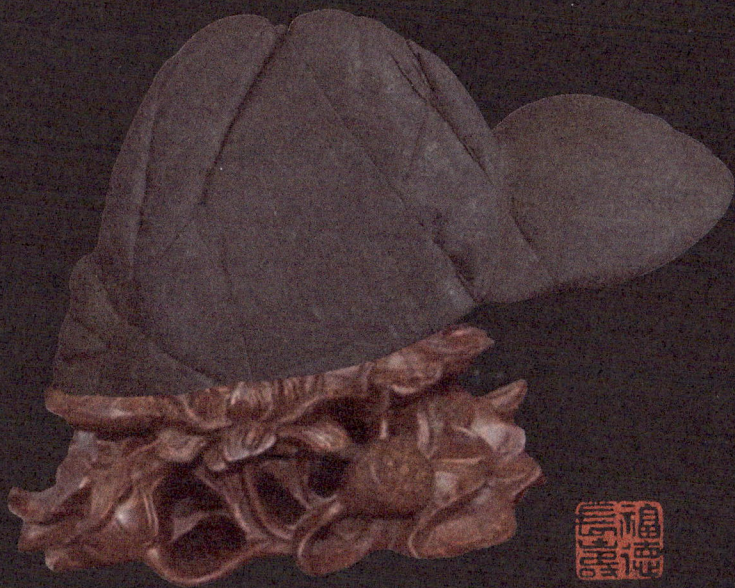

南陀双峰龟
天然原石
23 cm × 12 cm × 6 cm

　　龟山，位于淮河入洪泽湖的咽喉，三面临水，形似一只巨龟匍匐在淮水之中。

　　传说鲧在死后的第三年，肚子突然裂开，生出天神禹。后来，禹决定像他的父亲一样去治水。禹在疏通九河的过程中，唯淮河屡治不效，后来发现是水神在从中作梗。最终，是一只神龟化作大山镇住了水神，才使淮河顺利入海。

Turtle Mountain is located at the throat of Huaihe River into Hongze Lake, with waters around in three directions, looking like a giant turtle crawling in Huaihe River.

According to legend, three years after death of Gun, his belly suddenly broke, and gave birth to the God Yu, who decided to do the same thing as his father, i.e. water control. It is said that in the course of dredging nine rivers, only Huaihe River showed no improvement in spite of repeated efforts, which was found to have been caused by the god of water. Eventually, turtle turned itself into a big mountain to subdue the god of water; only at that point Huaihe River smoothly flowed into the sea.

南陀双峰龟

皇顶寿龙龟

——鲧伯腹禹承业治水

瀚灏^①波涛涌四方，哀嚎声绝倍凄凉。

天神鲧^②感拳拳意，授命神龟驮息壤^③。

百川奔流不朝海^④，浩荡汪洋肆意狂^⑤。

铩羽而归^⑥化元鱼^⑦，三年生禹^⑧降吉祥。

神龟再付绵绵力，助禹治水定洪荒^⑨。

【注释】

①瀚灏：浩瀚，广大貌。〔明〕无名氏《赠书记·订盟闻难》："良宵欢会只道姻缘巧，又谁知风波瀚灏，鸾交凤友逐蓬漂。"

②相传，鲧是黄帝的六世孙、昌意的五世孙、颛顼的玄孙、禹的父亲、夏启的祖父。他被尧封于崇地，为伯爵，故称"崇伯鲧"或"崇伯"，曾奉尧命治水，因筑堤堵水，九年未治平，被舜流放，后来死在羽山。

③息壤：一种神土，传说这种土能够生长不息，以至无穷，所以能堵塞洪水。息，生长。

④百：表示多。川：江河。全句意为：江河水奔流向前，却不流向大海。

⑤浩荡：形容水势广大的样子。肆意：纵情任意，不受拘束。全句意指鲧治水失败。

⑥铩（shā）羽而归：比喻失败或不得志而归。铩羽，羽毛摧落。〔南朝·宋〕鲍照《拜侍郎上疏》："铩羽暴鳞，复见翻跃。"

⑦元鱼：指元龟，即大龟。古代，人们用它的壳占卜。《史记·龟策列传》载："纣为暴虐，而元龟不占。"

⑧《山海经·海内经》载："洪水滔天，鲧窃帝之息壤以埋洪水，不待帝命，帝令祝融杀鲧于羽郊。鲧复生禹，帝乃命禹卒布土以定九州。"

⑨洪荒：地球形成以后的早期状态。"洪"的本义就是大水，指地球上的早期洪水。荒，大荒。

名称：皇顶寿龙龟
石种：天然原石
规格：41 cm × 19 cm × 8 cm

　　据说，中国在古代闹过一次大水灾。人们悲惨的遭遇触动了天神鲧，他命神鸟去偷能阻止洪灾的"息壤"（据说是一种可以自己生长的神土），又请来了神龟将"息壤"放在地上。天帝知道此事后，将"息壤"收回，并派火神杀死了鲧。后来，禹在治水时，帮鲧偷放"息壤"的神龟也来助阵。经过十三年的努力，禹终于将大水治理好，完成了鲧的遗愿。

It is said that China once suffered a big flood in ancient times, and the God Gun, moved by people's misery, ordered the supernatural bird to steal "Xirang" (It is said it's a magical soil that can grow by itself) to prevent flood, and invited the supernatural turtle to put "Xirang" on the ground. After the lord of heaven became aware of this, he took back "Xirang", and sent the god of fire to kill Gun. Later on, when Yu was carrying on the work of water control, the supernatural turtle that helped Gun steal "Xirang" also came to provide support. Through thirteen years of effort, Yu finally controlled water, and fulfilled Gun's last wish.

皇顶寿龙龟

古青玄光龟

——青龟跻坛周公作礼

叔旦①摄政②有七年，成王③沉璧洛河边。

一道苍④光惊碧浪，玄龟⑤出水映霞天。

青腹青甲青纯色，赤字⑥列文止⑦祭坛。

周公援笔疾全录，循礼作乐制法典⑧。

成汤八百王⑨天下，《周礼》美名万世传。

【注释】

①叔旦：姓姬名旦，周文王姬昌第四子，周武王姬发的弟弟，曾两次辅佐周武王东伐纣王，并制作礼乐。因其采邑在周，爵为上公，故又称"周公"。

②摄政：代替君主处理国政。《礼记》载："昔周公摄政，践祚而治也。"

③成王：指周成王，姓姬名诵，周武王姬发之子，母邑姜（齐太公吕尚之女）。

④苍：青色（包括蓝色和绿色）。

⑤玄龟：指元龟，大龟。古代，人们用它的壳占卜。

⑥赤字：红色的字。

⑦止：停住不动。

⑧法典：即《周礼》，是儒家经典，"十三经"之一，世传为周公旦所著。《周礼》《仪礼》《礼记》合称"三礼"，是古代华夏民族礼乐文化的理论形态，对礼法、礼义做了最权威的记载和解释，对历代礼制影响深远。经学大师郑玄为《周礼》做了注。

⑨王：古代一国君主的称号，这里指称王。

名称：古青玄光龟
石种：天然原石
规格：63 cm × 5 cm × 24 cm

　　武王伐纣后建立了周王朝，得到弟弟姬旦（周公）的衷心辅佐。武王驾崩后，继位的成王尚年幼，便由周公摄政保主。

　　周公摄政七年后，在与成王同去洛河祭祀时，见到有玄龟"青纯苍光，背甲刻书"，出洛河献文。相传龟甲上所书之文，就是教周公如何制典作礼、治理国家的，即《周礼》。

After conquest over King Zhou of the Shang Dynasty, King Wu established the Zhou Dynasty, and gained loyal assistance of his younger brother Ji Dan （the Duke of Zhou）. King Wu died before long, and King Cheng succeeded to the throne, who, however, was too young to govern a state, so the Duke of Zhou acted as a regent to protect his power.

After seven years of regency, one day, the Duke of Zhou and King Cheng went to Luohe River for sacrificial activities, when a big turtle came out of Luohe River with inscriptions on its shell. According to legend, those inscriptions on the turtle shell taught the Duke of Zhou how to make rules, establish rites and govern the state, commonly known as *Rites of Zhou*.

古青玄光龟

妙算含文龟

——殷墟书契代商言史

商汤伐夏①定天下，

垂降瑞符②龟功大。

灼龟③辨纹④寻天意，

百事行前卜龟卦。

下平法地⑤刻卜辞，

殷墟⑥甲骨留文字。

【注释】

①公元前1600年，商汤带领商部落灭掉夏朝，建立商朝。

②瑞符：瑞应，符应，喻意好兆头。〔北宋〕范仲淹《天骥呈才赋》载："天产神骥，瑞符大君。"

③灼龟：古代，人们用火烧灸龟甲，并根据龟甲被灼开的裂纹"推测"吉凶。《史记·龟策列传》载："灼龟观兆，变化无穷。"

④辨：分析，明察。纹：裂纹。

⑤下平法地：〔西汉〕刘向《说苑·辨物》载："（龟）背阴向阳，上隆象天，下平法地。"意为把龟壳的上面（也就是龟背）比作天，下边（龟腹）比作地。

⑥殷墟：中国商朝晚期都城遗址，位于河南省安阳市，甲骨卜辞中又称"商邑""大邑商"。殷墟是中国历史上第一个有文献可考、并为考古学和甲骨文所证实的都城遗址。

名称：妙算含文龟
石种：天然原石
规格：2.6 cm × 2 cm × 2.1 cm

　　商代，朝廷为了及时得到龟传来的上天旨意，兴起了一种向龟请教、求龟相助的问卜形式——龟卜。其把所卜内容和判词刻在同一只龟的底甲上保存起来，以便日后验证。这种刻在龟底甲上的卜词，被称作甲骨文。

　　考古学家在殷墟（今河南省安阳县小屯村附近）发掘的甲骨文片，是中国乃至整个人类文化史的一笔财富。

　　In order to get the message from heaven passed on by turtle in time, turtle divination, a form of consulting turtle for help, emerged during the Shang Dynasty. The content and judgment of such divination were engraved on the bottom shell of turtle for preservation and future validation. These inscriptions on turtle shells were commonly called oracle.

　　Oracle pieces unearthed Yin ruins near today's Xiaotun Village, Anyang County, Henan Province represent a great contribution to not only China but also the entire history of human culture.

妙算含文龟

芒寒色正龟

——始皇筑城神龟夺鞭

秦皇筑城万民担[1]，日夜挑石苦不言。

观音慈悲怜众苦，彩丝红线系扁担。

秦皇缴[2]丝拧神鞭，欲游洞庭巨浪翻。

挥鞭移石赶山填，一入南湖神龟拦。

齐化九岛出水面，懔然正气[3]夺神鞭。

还[4]丝解民倒悬[5]苦，一担[6]减做半担担。

【注释】

①担（dān）：用肩膀挑。

②缴：迫使交出。

③懔：畏惧。凛然：令人敬畏的样子。正气：刚正之气。

④还：偿付，归还。

⑤倒悬：头向下、脚向上悬挂着，比喻极其艰难、危险的处境。

⑥担（dàn）：挑东西的用具，多用竹、木做成。

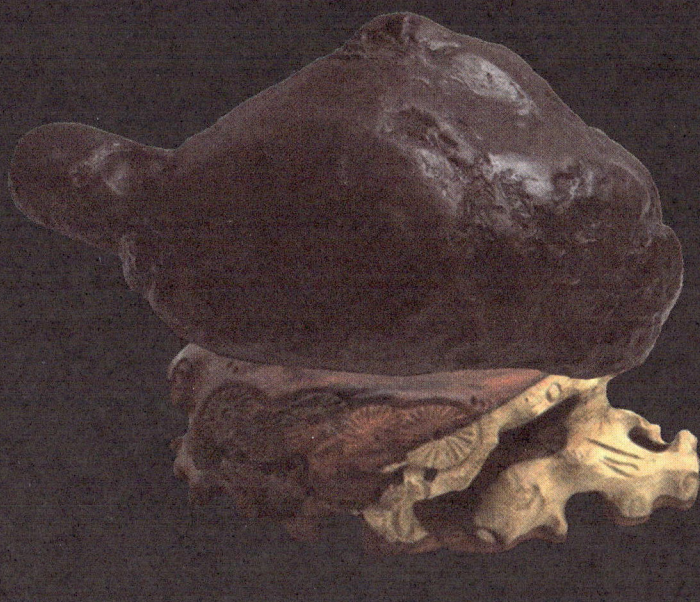

名称：芒寒色正龟
石种：天然原石
规格：41 cm×24 cm×12 cm

　　传说，看到秦始皇调集的十万民夫昼夜不停地修筑万里长城，观音生怜悯之心，便给每人的扁担上系上一条丝线，使挑起来的物体重量减轻了一半。秦始皇知道此事后，下令收缴所有丝线，拧成神鞭，并带着它去洞庭湖游玩。不料遇上狂风巨浪，秦始皇便挥鞭赶山，欲把洞庭湖填平，可山一入南湖，就被湖底的九只神龟化为九座岛阻拦下来。同时，神鞭也飞回长城，化作丝线，重新系在了民夫的扁担上。

　　According to legend, First Emperor of Qin assembled 100,000 civilian workers to build the Great Wall day and night. Having mercy on their sufferings, Guanyin tied a silk thread to the carrying pole of each person, so that the load was halved. After becoming aware of her magic power, First Emperor of Qin ordered to confiscate all silk threads, twisted them into a magic whip, and brought it to Dongting Lake for travel. Suddenly, violent storm and roaring waves came. First Emperor of Qin waved the whip to drive the mountain, intending to fill up Dongting Lake. Unexpectedly, after entering to South Lake, the mountain was immediately blocked by nine islands which were transformed from nine supernatural turtles at the bottom of the lake, and the magic whip also flew back to the Great Wall, and became silk threads tied to carrying poles of civilian workers again.

芒寒色正龟

西诚小仙龟

——神龟握瑜义感乾坤

黝①黑五彩小仙龟，

坦荡豁达②操行③美，

从善如流识忠恶，

唯义是从德无亏。

上隆法天④垂拱立，

下平法地⑤筑根基。

代天言说惹福事，

明吉辨凶不偏倚。

有求必应昭天理，

报恩扬善传义举。

【注释】

①黝：黑色。

②豁达：心胸开阔，性格开朗。

③操行：操守。

④上隆法天："上"是指龟背，龟背甲隆起而有纹路，象征天象。

⑤下平法地："下"是指龟腹，龟腹平坦有纹理，象征地貌。

名称：西诚小仙龟
石种：天然原石
规格：17 cm×6 cm×6 cm

　　在中国有关龟崇拜的诸多神话中，龟给人的印象是：背甲高高隆起象征天，腹甲平而宽厚象征地，代表天地为人们明吉凶、言祸福，公而无私。它从善如流、高洁脱俗的品性也被认为是做人做事的标准和规范，成为人们修身的榜样。

In many Chinese fairy tales of turtle worship, turtle gives the impression that: back shell rises up high, representing heave, while belly shell was flat, wide and thick, representing earth. So turtle represents heaven and earth, working to tell good or bad fortune for people, fair and selfless. Further, it has such fine qualifies as accepting good advices, with conduct free from vulgarity, considered a standard with respect to human behavior, and thus becomes a good model for common people to cultivate their moral character.

西诚小仙龟

卧莲胜虎龟

——驱雷掣电神龟佑林

江南有嘉林[①]，

神龟巢芳莲[②]。

兽无虎狼在，

鸟无鸱枭[③]存。

草无毒螫[④]有，

野火不及身。

万类静相安，

护佑有龟神。

【注释】

①嘉林：美好的树林。

②巢龟：传说中的神龟，为长寿吉祥之物，常歇息在莲花之上。

③鸱枭（chī xiāo）：鸟名，古人对猫头鹰的一种叫法。猫头鹰虽是益鸟，但在中国一直是"丧门星"的代称，古代文章里说到它时常含贬义。

④毒螫（shì）：毒虫等刺人或动物。

名称：卧莲胜虎龟
石种：天然原石
规格：22 cm × 13 cm × 15 cm

《史记·龟策列传》载：森林中有一只神龟，能使整个森林专生善兽，不见虎狼；专长鲜花，不见毒草。简单来说，此神龟能避免一切天灾人祸，庇佑人木安全。有了这只龟，不仅森林不遭火灾，而且连偷砍树木的盗贼也只能望林兴叹。

Historical Records-Turtle Divination Profile wrote: There is a supernatural turtle in the forest, which can ensure only good animals will be born, but not tiger or wolf, and only flowers will grow in the forest, but not poisonous weeds. In a word, this supernatural turtle can avoid all natural and man-made disasters, and protect the safety of both human beings and wood. As long as with this turtle, the forest can be free of fire, and thieves who attempt to cut down trees can do nothing but sigh.

无极银峰龟

——先贤怀瑾德育天下

雄伟峻秀鲁鼎山[①]，山东新泰县西南。

鲁国定公宠奸佞[②]，歌舞沉湎[③]酒色耽[④]。

孔丘仲尼[⑤]情操显，焦心劳思[⑥]登龟山。

紫芝眉宇[⑦]师[⑧]圣贤，藉龟之灵动苍天。

一声裂帛[⑨]惊华夏，《龟山操》颂万代传。

【注释】

①鲁鼎山，即龟山，在今新泰市谷里镇南。

②奸佞（nìng）：奸邪谄媚的人，多指奸臣。

③沉湎（miǎn）：沉溺，耽于。比喻潜心于某事物或处于某种境界或思维活动中，深深迷恋，无法自拔。多形容陷入不良的生活习惯难以自拔，表达消极的感情色彩。

④耽：沉溺，入迷。

⑤孔子，名丘，字仲尼，祖籍宋国栗邑（今河南省商丘市夏邑县），生于春秋时期鲁国陬邑（今山东省曲阜市），我国著名的思想家、教育家、政治家。鲁国在孔子担任大司寇的三个月里，内政、外交等各个方面均大有起色；同时，孔子还通过外交手段，逼迫齐国将在战争中侵略鲁国的大片领地（龟阴田）还给了鲁国。孔子杰出的执政能力让齐国备感威胁，于是设计送鲁国国君美女、良马，从而让其沉溺酒色。孔子万般无奈，报国无门，登龟山以抒胸臆。

⑥焦心劳思：形容人非常操心、担忧。

⑦紫芝眉宇：称颂人德行高洁之词。

⑧师：榜样。

⑨裂帛：像撕裂布帛般的声音。原句出自白居易《琵琶行》中的"曲终收拨当心画，四弦一声如裂帛"。

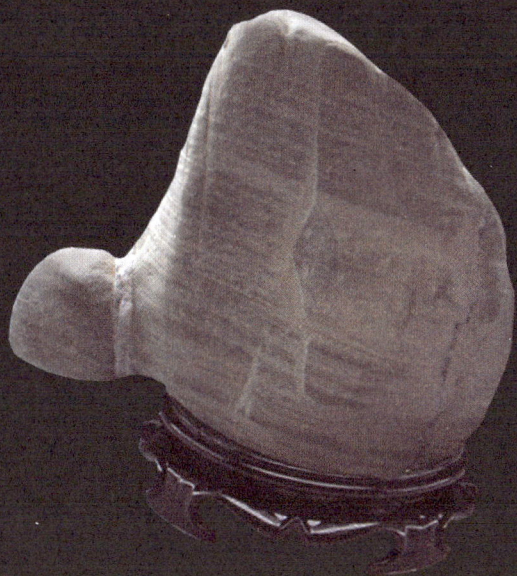

名称：无极银峰龟
石种：天然原石
规格：16 cm×6 cm×13 cm

　　相传，孔子在鲁国担任大司寇时，季桓子接受了齐国一批歌妓，鲁定公便整天耽于女乐，不理朝政。孔子屡劝无果，只能登上被视为鲁鼎的龟山，赋歌铭志，以此表达自己的忧国忧民之心。他所作的《龟山操》，后来成为人们歌颂其爱国爱民、情操高尚的一首琴曲。

　　According to legend, when Confucius served as Grand Secretary of Justice in the State of Lu, Ji Si（he is known as"Ji Hengzi"）accepted a group of geishas from the State of Qi, who enticed the monarch of Lu （his posthumous title is "Ding"）to play with them and ignore affairs of the state. Confucius repeatedly expostulated with the monarch of Lu but failed, so he climbed the Turtle Mountain, which was regarded as the symbol of Lu, and made a song to express his concerns about the state and people. The song titled *Turtle Mountain Song* has become a music of *qin* for people to eulogize this greatest sage and teacher for noble sentiments and loving the state and people.

无极银峰龟

脱巢阳元龟

——巢龟问岁后继有人

父天母地分阴阳①，繁衍崇拜雄根昌。

龙江石祖②破土出，殷墟③男阴覆龟骨。

阳根④神屋⑤前窗入，玉匣凿孔巧护佑。

假龟玄灵通神力⑥，瓜瓞绵绵⑦代有后。

【注释】

①"阴阳"的概念源自古代中国人的自然观。古人观察到自然界中各种对立又相连的大自然现象，如天地、日月、昼夜、寒暑、男女、上下等，便以哲学的思想方式归纳出"阴阳"这一概念，并认为它是万物运动变化的本源，是人类认识事物的基本法则。

②石祖：石器时代，原始人生殖崇拜的图腾物是象征男性特征的石器或者奇石，又称阳元石。

③殷墟：中国奴隶社会商朝后期的都城遗址，位于今河南省安阳市区西北小屯村一带，距今已有三千三百多年历史。因出土大量的甲骨文和青铜器而驰名中外。

④阳根：男人的命根子。

⑤神屋：祭神的处所；龟甲的别称。

⑥假：借用，利用。据说，龟能通神。《史记·龟策列传》载："龟者是天下之宝也……安平静正，动不用力。寿蔽天地，莫知其极。与物变化，……明于阴阳，审于刑德。先知利害，察于祸福。"

⑦瓜瓞绵绵：如同一根连绵不断的藤上结了许多大大小小的瓜一样。这里用于祝颂子孙昌盛。瓞（dié），小瓜。绵绵，延续不断的样子。《诗经·大雅·绵》："绵绵瓜瓞，民之初生，自土沮漆。"

名称：脱巢阳元龟
石种：天然原石
规格：32 cm×15 cm×7 cm

随着父系社会的巩固和男阳女阴、父天母地观念的形成，在很长一段时间内，人们对生殖的崇拜发展为对男性生殖器的崇拜。在被考古界称为"刘林文化"的墓葬中，发掘出一具完整的男性骨架，其生殖器上覆盖着一具完整的龟甲。这表明他期望自己的生殖器能够得到龟的护佑，寿同龟年。

With the consolidation of patriarchal society, and the formation of the concept of father as heaven and mother as earth, for quite a long time, people's reproductive worship developed into penis worship. From tombs called as "Liu Lin Culture" by the archaeology community, a complete male skeleton was unearthed, with his penis covered by a complete turtle shell, with an expectation that human penis could obtain full protection from turtle, and people could enjoy the same longevity as turtle.

冰河伏羲龟

——白龟示甲助演天书

太昊陵中太昊墓①，伏羲演卦功勋著。

画卦台②上八卦画，八角亭③内石盘④挂。

画卦台前白龟池⑤，白龟背甲玄机知。

中五周八外二四⑥，运筹推演⑦《周易》⑧始。

【注释】

①太昊墓：太昊伏羲氏的陵庙，位于河南省淮阳县羲皇故都风景名胜区，是全国重点文物保护单位，中国十八大名陵之一。

②画卦台：相传，是中华民族人文始祖太昊伏羲氏画八卦的圣地，坐落在河南省淮阳城北一里的龙湖中，四面环水，景色宜人。

③八角亭：指伏羲八卦亭，上悬伏羲先天八卦。八卦亭有石龟两只——各有一青石碑，一书"开物成雾"，一书"先天精蕴"。

④伏羲八卦亭前有一方青石算盘。青石算盘散布算盘子，既像《河图》，又像《洛书》。传说，石算盘是伏羲画卦时的通灵之物，其中之谜至今无人能解。

⑤画卦台前有一池，叫"白龟池"。相传，伏羲氏于蔡水得白龟，凿池养之。相传，1984年8月16日，一只白龟再现，为淮阳县东关王大娃所获，体重650克，腹、背呈乳白色，龟甲高隆，甲上有图案13块，甲周有图案24块，眼似珍珠，四肢有鳞，尾巴较长，为稀世白龟。经专家鉴定，龟龄250余岁。

⑥画卦台有一个白龟石雕，按照白龟放大一百倍的比例雕刻。白龟的龟甲共六十四块，表示六十四卦。

⑦推演：推论演绎。〔西汉〕陆贾《新语·明诚》："观天之化，推演万事之类。"

⑧《易经》是中国最古老的文献之一，儒家称之为"群经之首"。《易经》探究自然发展变化规律，揭示真理，用于指导人们的生产和生活。孔子晚年在毕生所学基础上，对《易经》进行了深入的研究，由此而作《易传》。

名称：冰河伏羲龟
石种：天然原石
规格：46 cm × 15 cm × 16 cm

在淮阳城北关处，有一座人祖太昊陵，陵中有太昊墓。在墓东南约500米的环城湖中，有一小岛，形状如龟。岛上有绿瓦八角亭一座，亭内悬挂着伏羲的先天八卦和一方先天图。画卦台前有一个大水潭，名白龟池。传说伏羲就是在这里得到白龟并挖池放养的，八卦也是他根据白龟背甲的纹理，经过运筹推演而成的。

At the north gate of Huaiyang City, there is a Taihao Mausoleum of human ancestor; in the mausoleum, there is a Taihao Tomb; and in the around-city lake about 500 meters away at the southeast of the tomb, there is a small island shaped like turtle. On that island, there is an octagonal pavilion covered by green tiles with Fuxi's primordial Eight Diagrams and a primordial map hanging in it, in front of which, there is a big pool named Turtle Pool. According to legend, this is the exact place where Fuxi obtained a white turtle and dig a pool to release it, and Eight Diagrams were also deduced based on the pattern on the back shell of that white turtle.

冰河伏羲龟

颔首寸足龟

——张仪筑城神龟指踪

大秦惠王任人贤，张仪①德昭②美名传。

奇谋巧计攻蜀克，遂建屏障筑城垣③。

屡建屡颓④无计施，望城兴叹眉不展。

忽有大龟硎中现，颔首⑤寸足绕城转。

依龟行迹重添砖，龟化城⑥名从此传。

【注释】

①张仪，魏国安邑（今山西万荣）人，魏国贵族后裔，战国时期著名的纵横家、外交家和谋略家。

②昭：光明，有彰明、显著、美好等意思。

③遂：于是，就。城垣：中国古代围绕城市的城墙。

④颓：倒塌。

⑤颔首：点头，表示允许、赞成、领会或打招呼。

⑥龟化城：四川成都的别称。《太平御览·鳞介部》卷三载："《华阳国志》曰：秦惠王十二年，张仪、司马错破蜀，克之。仪因筑城，城终颓坏。后有一大龟从硎而出，周行旋走。乃依龟行所筑之，乃成。"

名称：颔首寸足龟
石种：天然原石
规格：45 cm×22 cm×9 cm

　　秦惠王二十七年，张仪攻破蜀国。为巩固战果，张仪欲修一城作为屏障，谁知屡筑屡颓，对此他一筹莫展。有一天，忽然有只大龟从磨刀石中爬出来，绕城周行走一圈。于是，张仪便依龟的行迹重新筑城，这次一下就建成了，取名龟化城（今成都市）。

　　In the 27th year of King Huiwen of Qin, Zhang Yi conquered the State of Shu, and in order to solidify the results, he intended to build a city as a barrier; however, the construction did not go smoothly and the situation was getting worse, but Zhang Yi could find no way out. One day, a big turtle crawled out of the grindstone, and walked around the city. Zhang Yi followed its track, and rebuilt the city successfully, named Turtle City（today's Chengdu）.

颔首寸足龟

强神将帅龟

——三桓四象玄武御敌

纹龟为饰将帅旗，

未战先知卜吉时。

天地四象①龟为首，

朱雀在前玄武后②。

调阴顺阳理天数③，

虎跃龙飞出左右④。

龟甲⑤御难逞敌顽，

横扫三军霸气留。

【注释】

①四象：古代，用于表示天空东、北、西、南四个方向的星象，即东方青龙、北方玄武、西方白虎、南方朱雀。

②④古代，人们把有四种色彩的鸟兽画在军旗上，以色彩固定其方位，朱鸟在前面（南方），玄武在后面（北方），青龙在左边（东方），白虎在右边（西方）。《礼记·曲礼上》载："行，前朱鸟而后玄武，左青龙而右白虎，招摇在上。"《正义》曰："此明军形象天文而作阵法也。前南，后北，左东，右西。朱鸟、玄武、青龙、白虎，四方星宿名也。"又："今之军行，画此四兽方旌旗，以标左右前后之军阵。"

③古人认为，万物皆有阴阳；阴阳相互依存、不可分割；阴阳调和则万事顺畅。

⑤龟甲：效仿龟形制作的铠甲。

名称：强神将帅龟
石种：天然原石
规格：32 cm×8 cm×11 cm

　　战国时期，七雄争霸，在交战双方的营垒中，中军帅府的旗帜都绘有龟的图案，是为龟旗。在阵法上，龟位于后玄武，这是因为龟在军阵中可御后患，使全军立于不败之地。在古代军人装备方面，挡矛用的盾、护头用的盔及保身用的甲，也都是效仿龟形制成的。

At the later stage of the Zhou Dynasty（the warring states period）, seven powers competed for hegemony, and in the army camp of each fighting party, the banner of the headquarters would have a turtle pattern, called turtle flag. In the tactical deployment of troops, turtle was situated at backside, because it could defence the attack from behind, and put the whole army in an invincible position. In terms of ancient military equipment, all of shields for holding back a spear, helmet for protecting the head, and armors for protecting the body were produced in a turtle-like shape.

强神将帅龟

野峪绿云龟

——梁王营①室宫锁祯祥②

后梁皇帝朱友贞，

许州献龟绿毛身③。

宫中造室锁祥瑞，

敕命④龟堂⑤史上存。

背甲隐花植物藻，

毳⑥株茂密丝状分。

宛若仙子水下走，

色如翡翠动如云。

【注释】

①营：建造。

②祯祥：吉祥的征兆。

③绿毛龟：中国四大奇龟之一。其他三只分别为双头龟、蛇形龟、白玉龟。

④敕命：命令，多指帝王的诏令。

⑤龟堂：专门为乌龟建的房屋。

⑥毳（cuì）：鸟兽的细毛。

名称：野峪绿云龟
石种：天然原石
规格：22 cm×17 cm×9 cm

　　绿毛龟是一个古老而珍稀的龟品种，它游走起来，绿毛摆动，如仙衣飘拂，甚是美丽。在龟崇拜的年代，绿毛龟被视为奇珍，人们会为一只绿毛龟专门建个龟堂进行供奉，让其享受殊荣。

Green turtle is one of ancient and rare species of the turtle genus. When creeping, its green hair swings, just like fairy clothes waving, very beautiful. In the age of turtle worship, it was regarded as rare treasure. A turtle hall would be build particularly for a green turtle to enjoy its privilege.

野峪绿云龟

卧棉静陀龟

——龟息养生调阴理阳

玄武真定①功夫深，

四部修炼内功臻②。

伸颈吐纳天地气，

不食不饥鲜③有闻。

龟息以静调代谢，

保健生理静养身。

羡龟长存增效法，

百岁方称龟龄④人。

【注释】

①"玄武真定功"又称"龟息真定功"，在《道家·七步尘技·气道》中，原名为"玄武真经"。"龟息"是道教术语，谓呼吸调息如龟，不饮不能长生。〔东晋〕葛洪《抱朴子·内篇·对俗》中载："《仙经》象龟之息，岂不有以乎?"龟吸气潜水，闭气良久，然后分数次缓缓吐气。人们认为龟能长寿主要是这种呼吸方法的作用，因此仿效它开创了龟息法。龟息之法以纳气久闭为难。

②臻：本意为至，到；引申为达到（美好的、完备的）。

③鲜（xiǎn）：不常，少。《诗·大雅·荡》曰："靡不有初，鲜克有终。"

④龟龄：古人以龟为长寿灵物，因此常用"龟龄"比喻长寿。〔南宋〕张孝祥《鹧鸪天·为老母寿》："同犬子，祝龟龄。天教二老鬓长青。"

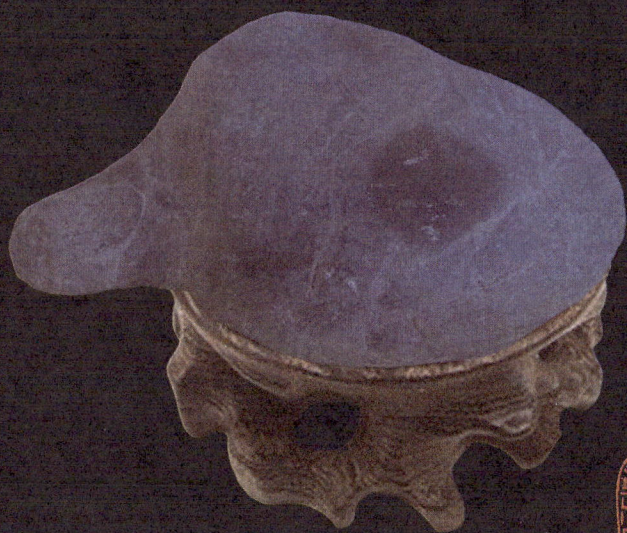

名称：卧棉静陀龟
石种：天然原石
规格：29 cm × 16 cm × 13 cm

　　龟靠身体静止，以体内运气调节代谢功能、延长寿命的事实，为保健生理学的研究开辟了新的领域。中国历史上习惯把六十岁以上者称为长寿，而将百岁以上者通称龟龄。

The fact that turtle stays body still and regulates metabolic function through Qi action within the body to prolong life opens up a new area for research of health and physiology. In the history of China, people aged over 60 were called longevity, while those aged over 100 were called turtle age.

卧棉静陀龟

御临八方龟

——元龟负书帝道遐昌

一画开天出《河图》[①]，
洪范九畴载《洛书》[②]。
天地四象龟为首，
阴阳五行[③]运筹畴。
玉龟玉版[④]藏玄奥，
推天演地有从无[⑤]。

【注释】

①相传，伏羲画八卦，始于干卦三之第一画，乾为天，故指"一画开天"。〔清〕江永《河洛精蕴》卷一载："汉孔安国云：'《河图》者，伏羲氏王天下，龙马出河，遂则其文以画八卦。'"

②〔清〕江永《河洛精蕴》卷一载："汉孔安国云：'《洛书》者，禹治水时，神龟负文而列于背，其数至九，禹遂因而第之，以成九类。'"

③五行中，土在中、为阴；四象（水、木、火、金）在外、为阳。左旋木火相生为阳，金水相生为阴，乃阴阳水火既济之理。五行中各有阴阳相交，生生不息。

④玉龟玉版：含山县凌家滩出土的新石器时期的古物，是迄今所知中国最古老的占卜用具。出土时，玉龟分背甲和腹甲两部分，上面钻有数个左右对应的圆孔；玉版夹在玉龟腹、背甲之间，上面刻有八角星纹。

⑤老子在《道德经》第四十章写道："天下万物生于有，有生于无。"《河图》中的一、六数表达的是日月合朔的天文背景，象征着阴阳合和。

名称：御临八方龟
石种：天然原石
规格：40 cm × 16 cm × 10 cm

《淮南子·天文训》对《道德经》第四十二章"道生一，一生二，二生三，三生万物"最早做了哲学上的解释："道（曰规）始于一，一而不生，故分而为阴阳，阴阳合和而万物生。"按照《淮南子》的解释，"二"是"阴阳"，三是"阴阳合和"。

Huainanzi-Astronomy made the earliest philosophical explanation to "one gives birth to two, two gives birth to three, and three gives birth to all things" stated in Chapter 42 of *Tao Te Ching*: "Tao（i.e. rule）starts from one, but one gives no birth, so it is divided into Yin and Yang, while the combination of Yin and Yang gives birth to all things. According to the explanation of *Huainanzi*, "two" represents "Yin and Yang", while "three" represents "combination of Yin and Yang".

御临八方龟

达莱赏月龟

——神龟望月玄冥拱北

员峤山①上有方湖，浩渺烟波②穷极目③。

星池千里从西所，六眼八足神龟④处。

横载七星斗转移，纵列日月八方图。

四象⑤五岳⑥腹中藏，时出石上望煌煌⑦。

清辉⑧千里泻明月，列星闪烁耀光芒。

【注释】

①员峤（qiáo）山：神话传说中五大仙山之一。

②浩渺烟波：形容烟雾笼罩的江湖水面广阔无边。浩，水大，引申为大河多。渺，水大的样子。烟波，雾气迷茫的水波。

③穷：穷尽，即完结、达到尽头之意。极目：指满目、远望。

④六眼八足神龟的龟壳下沿长有六只眼睛，前端二只，后端四只。不管在爬动时，还是静伏时，它都能看到前、后、左、右的一切情况，从而能有效地觅食和逃避敌害。

⑤在中国早期文化中，四象指《易传》中的老阳、少阴、少阳、老阴，又指四季天然气象；秦汉以后，逐渐指代源于远古星宿信仰中的青龙、白虎、朱雀、玄武，分别代表东、西、南、北四个方向上的群星，也称四神、天之四灵、四圣将。

⑥五岳：中岳河南嵩山、东岳山东泰山、西岳陕西华山、南岳湖南衡山、北岳山西恒山。

⑦煌煌：明亮辉耀，光彩夺目。

⑧清辉：指日月的光辉。

名称：达莱赏月龟
石种：天然原石
规格：17 cm × 9 cm × 8 cm

    汉代时中国的龟崇拜比周代向前发展了一大步。东晋人王嘉所撰《拾遗记》中载：员峤山的西边，有一个名叫星池的湖，方圆千里。池中有一只长着六只眼的神龟，背甲上背着七星日月八方之图形，腹部藏有三山五岳之形象。神龟有时会浮出水面，趴在石头上。此时远远望去，光芒四射，犹如繁星在其身边闪烁。

    In the Han Dynasty, China's turtle worship took a big step forward than the Zhou Dynasty. Wang Jia from the Eastern Jin Dynasty wrote in the *Records of Mystery Stories*: At the west of Yuanqiao Mountain, there is a lake named Xingchi, covering an area of thousand miles. In the lake, there is a supernatural turtle with six eyes, a pattern of seven stars, sun, moon and eight directions on its back shell, and the image of high mountains in its belly. Sometimes, the supernatural turtle would surface to crouch on a rock, looking like stars twinkling around it from a distance.

达莱赏月龟

负重颂德龟

——赑屃①襄禹龟趺颂德

龙生九子各不同，

赑屃负重有神功。

背驮三山五岳走，

兴风作浪②逞威能。

大禹治水收霸下③，

推山移石河道通。

开槽④载碑功绩表，

龟趺代人颂德行。

【注释】

①赑屃（bì xì）：中国古代传说中的神兽，龙的第六子，样子似龟，喜欢负重。

②兴风作浪：原指神话故事中妖魔鬼怪施展法术掀起风浪，后多比喻煽动情绪、挑起事端或进行破坏活动。

③霸下：传说为龙九子之一，螭头龟足，好负重。

④槽：一种长方形或正方形的、较大的容器。

名称：负重颂德龟
石种：天然原石
规格：40 cm×22 cm×12 cm

　　龟跌又名赑屃、霸下等，在汉族神话中它是龙的九子之一，排行老六。传说在上古时代，霸下常驮着三山五岳在江河湖海里兴风作浪。后来大禹治水时收服了它，它服从大禹的指挥，推山挖沟，疏通河道，为治水做出了贡献。治水成功后，大禹担心霸下又到处撒野，便搬来顶天立地的巨大石碑，并在上面刻上霸下治水的功绩，叫霸下驮着，从此沉重的石碑压得它不能随便行走。

　　Gui Fu, also called Bixi or Baxia, was one of nine sons of the dragon in fairy tales of the Han Nationality, ranked sixth. According to legend, in ancient times, Baxia often carried high mountains to make waves in rivers, lakes and seas. Later on, Yu subdued it in the course of water control. It obeyed Yu's command to push mountains, dig ditches, and dredge rivers, making contributions to water control. After overcoming the flood, Yu was concerned that Baxia would made troubles everywhere, so he moved a huge stone tablet, inscribed Baxia's deeds in water control, and asked Baxia to carry it, which was so heavy that Baxia could not walk around easily.

负重颂德龟

鸾俦鸳鸯龟

——燕侣金龟钦登庙堂

鱼符①鱼袋②明贵贱，题位刻字御阶前。

天授武后钦命改，龟符龟袋③内外官。

饰金龟符藏金龟，位高权重身份显。

嫁得如意金龟婿，芙蓉帐④里春宵⑤短。

【注释】

①唐初，唐高祖为避其祖李虎的名讳，废止虎符，改用黄铜做鱼形兵符，称为"鱼符"，其后，鱼符得到广泛应用。鱼符以不同材质制成，亲王以金，庶官以铜。其形为鱼，分左右两片，里面刻有官员的姓名、在何衙门任职、官居几品、俸禄几许，出行享受何种待遇等。据《新唐书·车服志》载，唐初，内外官五品以上，皆佩鱼符、鱼袋，以明贵，应召命。

②鱼袋：唐、宋时官员佩戴的证明身份之物，用以盛鲤鱼状符。唐高宗永徽二年始，赐五品以上官员鱼袋，饰以金银，内装鱼符，出入宫廷时须经检查，以防止作伪。据《旧唐书·舆服志》载："咸亨三年五月，五品以上赐新鱼袋，并饰以银……"

③龟袋：武则天执政时，曾改官员佩鱼袋为佩龟袋。

④芙蓉帐：唐代床上用品，用芙蓉花染的丝织品制成的帐子。

⑤春宵：春天的夜晚。

名称：鸾俦鸳鸯龟
石种：天然原石
规格：19 cm × 12 cm × 18 cm

　　"金龟婿"这个美称出自唐代诗人李商隐的《为有》一诗："为有云屏无限娇，凤城寒尽怕春宵。无端嫁得金龟婿，辜负香衾事早朝。"这首诗描写了一个贵族女子在冬去春来之时，埋怨身居高官的丈夫因为要赴早朝而辜负了一刻千金的春宵。

Rich son-in-law, as a laudatory title, was originated from the poem *For Owning by* Li Shangyin, a poet of the Tang Dynasty: "For owning the beauty behind the screen with cloud patterns, the love night is so short after the end of cold winter in the capital. Gratuitously be married a husband as a high-ranking official, who ruthlessly gets up from the warm bed for morning report to the emperor." This poem described that as winter turned to spring, a noble lady complained her husband as a high-ranking official failed to spend precious nights with her because of the morning report to the emperor.

鸾俦鸳鸯龟

破浪前行龟

——"壬辰倭乱"龟船扬威

岛国①无由开战端，壬辰②之初侵朝鲜。

陆军不敌节节退，三月未到失城三。

爱国水将全谋略，图龟吉祥保平安。

仿龟身形铸战舰，取名龟船③重任担。

逆浪扬帆迅如风，巧攻善守威能显。

重创顽寇海上行，卫国战争龟名传。

【注释】

①岛国：指日本。在古代日本神话中，日本人称日本列岛为"八大洲""八大岛国"。

②壬辰：指1592—1598年的"壬辰倭乱"，即"万历朝鲜战争"，又称"朝鲜壬辰卫国战争"，是大明援朝抗日战争。400多年前发生在朝鲜半岛的这场战争，是中、朝与日本发生的首次大规模的冲突。

③龟船：最古老的铁甲船之一，是16世纪朝鲜王朝为抵抗日本侵略而制造。船体形似乌龟，结构轻巧、简易而坚固，船速快，火力大，是当时亚洲较为先进的军舰。龟船在"壬辰卫国战争"中起了很大作用。由于帮助朝鲜人民对抗日军船舰赢得数场海战胜利，龟船威名远播。中华人民共和国成立以后，为了缅怀这段历史，朝鲜民主主义人民共和国特制作龟船模型赠送给中国，现陈列于中国人民革命军事博物馆。

名称: 破浪前行龟
石种: 天然原石
规格: 15 cm×9 cm×5 cm

　　1592年，日本发动侵朝战争。朝鲜陆军节节败退，不到三个月便失去三座城市。为了拯救国家命运，朝鲜爱国海军将领李舜臣仿龟的造型，打造了一艘战船，取名龟船，并利用这艘船在战役中重创了日军。这就是历史上有名的"朝鲜壬辰卫国战争"。

　　In 1592, Japan started a war against Korea. The land force of Korea suffered one defeat after another, and within less than three months, they lost three cities. In order to save the country, Korean patriotic navy general Li Shunchen built a warship shaped like turtle, named as turtle ship, and used it to hit the Japanese army heavily in the battle. That is the "Korean War of Resistance against Japan" famous in history.

破浪前行龟

重义怀德龟

——孔愉行善神龟报恩

孔愉跋涉①过馀亭，

路人笼②龟侧边行。

重金求买放生去，

至水左顾数转颈。

愉封亭侯驻骅③此，

铸印龟形回首凝④。

灵德感龟知恩报，

护位尚书彰⑤善行。

【注释】

①跋涉："跋山涉水"，形容旅途艰苦。

②笼：用竹篾、木条编成的盛物器或罩物器，这里名词动用，指用笼子装。

③驻骅：部队或外勤工作人员住在执行公务的地方。驻，停留在一个地方。

④凝：集中、注目、注视。

⑤彰：表明，显扬。

名称：重义怀德龟
石种：天然原石
规格：29 cm × 20 cm × 16 cm

　　从前，有一个叫孔愉的人，一次外出路过吴兴县馀不亭，看到一个篓子里装着一只乌龟的人从他旁边经过，孔愉心善，便用重金将乌龟买下来放生了。这只乌龟到了水边，屡次回过头来望着孔愉，不忍离去。后来孔愉来此地当官，想铸一方官印，可铸了几次印都是歪的，就像被放生的乌龟回头看他一样。于是，孔愉就把这方印一直带在身上，后来官至尚书。

　　Once upon a time, a person named Kong Yu went out, and when he arrived in Yubu Pavilion of Wuxing County, a person who carried a basket with a turtle therein was passing by. With a virtuous heart, Kong Yu bought that turtle at a high price and released it. At the edge of water, that turtle repeatedly looked back at Kong Yu, unwilling to leave. Afterwards, Kong Yu was appointed as an official there. He wanted to cast an official chop, but it was always crooked despite several times of try, just like that turtle looking back at him, so Kong Yu carried the seal at all times. Subsequently, he got promoted very smoothly, up to the position of Shangshu.

69

重义怀德龟

博采鸿词龟

——谪仙会友贺监解龟

青莲居士[①]李太白，

诗酒双绝性豪迈。

以文会友贺知章[②]，

千杯不醉绝文采。

鸿笔丽藻[③]《蜀道难》，

谪仙[④]飘飘惊下凡。

醉解金龟[⑤]换美酒，

惜才漠[⑥]财雅事传。

【注释】

①李白，字太白，号青莲居士，又号"谪仙人"。

②贺知章，字季真，晚年自号"四明狂客"，汉族，唐代著名诗人、书法家，越州永兴（今浙江萧山）人。少时就以诗文知名。

③鸿笔丽藻：形容诗文笔力雄健，词藻华丽。

④谪（zhé）仙：原指被贬入凡间的神仙，这里指才情高超、清越脱俗的道家人物，说他们有如谪居人世的仙人。中国历史人物中，汉朝的东方朔，唐朝的李白、杜甫，宋朝的苏轼等，都曾被称为"谪仙"。

⑤"金龟"原指古代官员的一种佩饰。作者在诗中用"解下金龟换美酒"形容贺知章为人豁达，不拘小节。

⑥漠：冷淡地，不经心地。

名称：博采鸿词龟
石种：天然原石
规格：25 cm × 20 cm × 9 cm

　　李白刚从四川来到京城长安时，没有一个朋友，就孤身住在一间小客栈里。秘书监贺知章听说他的名声后，第一个去探访他，并请他拿出所写的文章来欣赏。李白拿出《蜀道难》给他看，贺知章还没读完，就数次称赞李白为"谪仙人"，并解下腰间的金龟换酒，与李白畅饮。

When just arriving in the capital Chang' an from Sichuan, Li Bai had no friends, and lived in an inn alone. He Zhizhang, the Curator of Imperial Library, after hearing about his reputation, paid a visit to him in the first place, and invited him to take out his works. Li Bai showed *Hard Roads in Shu* to him. While reading, He Zhizhang repeatedly praised Li Bai as "the immortal exiled to the earth", and took off the turtle at his waist to exchange for liquors and drink with Li Bai.

博采鸿词龟

济世圣手龟

——灵介之长尺璧怀宝

介虫①琳琅②龟为长③，

《本草纲目》④刊载详。

龟板微咸性微寒，

补心养肾虚火降。

龟骨止咳断疮苦，

龟肉除湿为大补。

下甲滋阴续筋骨，

龟皮扫清刀剑毒。

辅药验方配无数，

治病救人龟功属。

【注释】

①介虫：指有甲壳的虫类及水族（如贝类、螃蟹、龟等），也泛指除鳞、羽、毛、倮之外的其他动物。龟为介虫之长。

②琳琅：精美的玉石，比喻美好珍贵的东西。

③长（zhǎng）：排行第一。

④《本草纲目》是明朝伟大的医药学家李时珍为修改古代医书中的错误而编写的一部医书。李时珍以毕生精力，亲身实践，广收博采，对本草学进行了全面的整理总结。

名称：济世圣手龟
石种：天然原石
规格：24 cm×13 cm×8.5 cm

　　龟的药用价值早就被我们的祖先所发现。乌龟作为中药材，全身都可入药。龟体中含有较多的特殊长寿因子和免疫活性物质，人经常食用可增强自身免疫力，延年益寿。

The medicinal value of turtle has long been known to our ancestors. As a traditional Chinese medicine, the whole body of turtle can be used to make medicine. The body of turtle contains many special longevity factors and immunologic active substances, which, if often eaten, could enhance human immunity, and prolong life.

济世圣手龟

了尘弥陀龟

——若龟藏六韬光养晦

《阿含经》中故事传，
野干①侵龟气恃然②。
巧缩头尾收四足③，
野干无计怒回还。
弃世离俗出迷欲，
与世无争绝④尘寰⑤。
自藏六根⑥魔不侵，
弥陀⑦一声了万缘。

【注释】

①野干（yě gān）：一种野兽。据有关佛经记载，它"像狐比狐小，可说佛法"。

②恃（shì）然：依赖，仗着。

③龟遇危险便将头尾和四足缩入甲中避害。

④绝：断。

⑤尘寰：人世间。

⑥六根：在陈义孝所编的《佛学常见词汇》中，指眼、耳、鼻、舌、身、意。眼是视根，耳是听根，鼻足嗅根，舌是味根，身是触根，意念虑之根。

⑦弥陀："阿弥陀佛"的简称，也叫"无量寿佛"，佛教中西方极乐世界的教化之主。

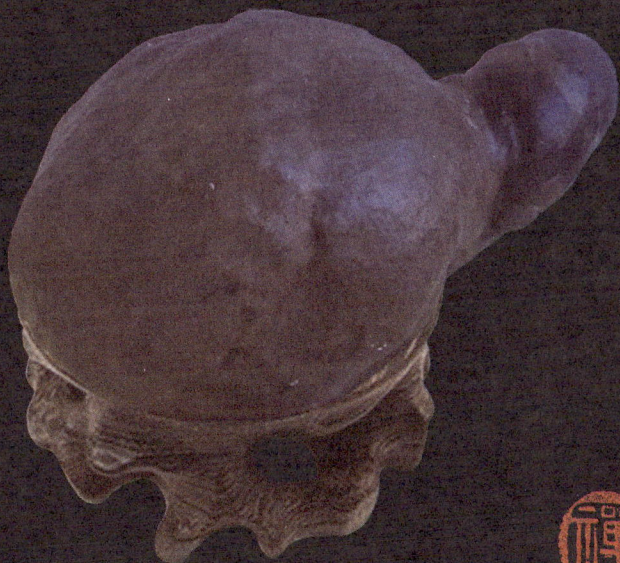

名称：了尘弥陀龟
石种：天然原石
规格：37 cm×23 cm×16 cm

    长期以来，龟"自藏六根"（自觉地把头尾和四肢缩进甲内）都是信奉佛教的人摒弃尘念、与世无争的生动教材。

For a long time, "turtle hides six organ within its own body" (consciously retreat the head, tale and four limbs into the shell) has been a vivid teaching material for Buddhist to teach people to abandon secular ideas and hold themselves aloof from the world.

扛鼎佛心龟

——慈孝动天神龟解难

临江刘京崇①孝行，
乡邻恭敬鬼神钦。
一夜江水暴溢②涨，
居者深溺③犹不停。
刘京负母涕零④泣，
感天动地神龟应。
背驮举家至⑤高岸，
一霁⑥红光破晓⑦晴。

【注释】

①崇：尊崇，推崇。
②溢：充满而流出来。
③溺：淹没。
④涕零：哭泣，流泪。
⑤至：到。
⑥霁：雨雪停止，天放晴。
⑦破晓：指早晨天刚亮。

名称：扛鼎佛心龟
石种：天然原石
规格：29 cm×12 cm×15 cm

《九江记》载：临江郡有一个非常孝顺的人叫刘京，乡里人都很崇敬他。一天夜里，临江发了大水，刘京背着母亲，被困在大水中。这时，一只大龟来到他身边，把刘京一家七口都驮上背甲，游到一高处后放下，入水而去。

Jiu Jiang Ji wrote: In Linjiang County, there is a person named Liu Jing, who is very filial, and his fellow townsmen hold him in high esteem. One night, Linjiang suffered a flood, and Liu Jing carried his mother on the back, but was trapped in the flood. At that time, a big turtle came to him, and carried all seven members of Liu Jing's family on its back shell to a high place, and then swam into water away.

扛鼎佛心龟

巽①翠隐凤龟

——月泻清辉龟仙戏莲

氤氲②覆郁③仙子多，

若耶溪边采莲歌。

芙蓉④粉面青云髻⑤，

翠衣华服体婀娜⑥。

渔人棹⑦舟欲相同，

化龟入水漾⑧清波。

【注释】

①巽（xùn）：八卦之一，代表风。

②氤氲（yīnyūn）：也作"绲缊"，常用于形容烟雾弥漫、云气浓郁。

③覆：遮盖。郁：树木丛生。

④芙蓉：一种锦葵科、木槿属植物。在我国古代文学中，常用其形容美女或高洁之士。

⑤髻：盘在头顶或脑后的发结。

⑥婀娜：形容轻盈柔美，常用于描绘柳枝等较为纤细的植物或女子身姿优雅、亭亭玉立。

⑦棹（zhào）：划船。

⑧漾：水面动荡。

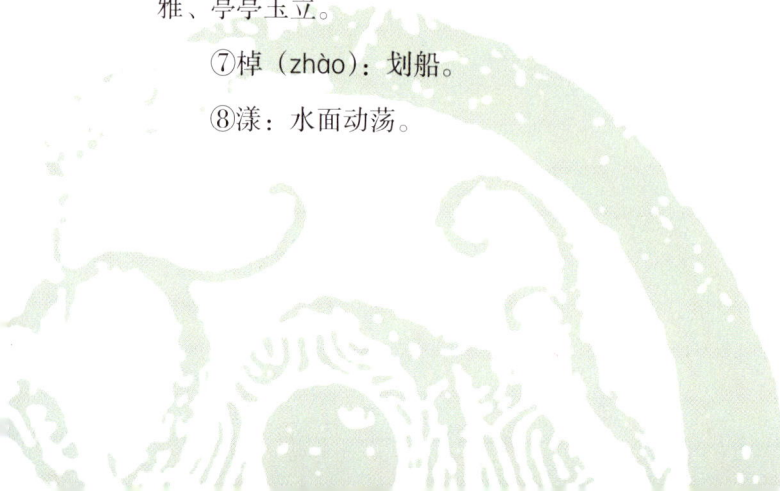

名称：巽翠隐凤龟
石种：天然原石
规格：21 cm × 12.5 cm × 12 cm

《幽怪录》载：有一个叫刘交的人居住在若耶溪边。一天，他听到有人在采莲嬉笑，于是便藏在柳树后偷偷观看，看到有十余个十六七岁的女子，皆身穿青绿衣衫，气质清丽，貌美如仙。刘交欲上前搭话，只见女子都跳入水中，化龟而去。

A Record of Mysterious and Strange Stories wrote: A person named Liu Jiao lives beside Ruoye Stream. One day, hearing someone laughing and picking lotuses, he hid behind the willow and watched secretly. There were more than ten girls, all dressed in green clothes, aged 16 or 17, beautiful as a fairy. Liu Jiao intended to chat with them, but those girls all jumped into water, turned into turtles, and swam away.

巽翠隐凤龟

驼峰蜗牛龟

——持勤补拙龟兔竞名

乌龟重^①甲似穹隆^②，

体大腿小先天成。

气温性敛^③行动缓，

堪^④与蜗牛竞雌雄。

不畏艰险真胆略，

锲而不舍^⑤有豪情。

坚持不懈心志坚，

龟兔赛跑传美名。

【注释】

①重：分量较大，与"轻"相对。

②穹隆：也作"穹窿"，中间隆起、四周下垂貌，常用于形容天的形状。

③敛：收拢，聚集。

④堪：能，可以，足以。

⑤锲而不舍：比喻有恒心，有毅力。锲，镂刻。舍，停止。

名称：驼峰蜗牛龟
石种：天然原石
规格：26 cm×10 cm×15 cm

众所周知，龟的天生弱点是身受甲壳的约束，体大腿小，行动十分缓慢。但它拥有不畏艰难险阻的胆略和勇气，敢同善跑的兔子竞赛，并最终取得胜利。这个故事被我们代代相传，并以此教育孩子从小就要学习乌龟锲而不舍、持之以恒的品质。

As everyone knows, turtle has a natural weakness that its body is constrained by shells, with a big body but small legs, moving very slowly. However, it is not afraid of dangers and difficulties, has the courage to compete with the rabbit good at running, and eventually achieves success. This story has been passed down from generation to generation, designed to educate children that they should learn from turtle and never give up.

驼峰蜗牛龟

北斗金玉龟

——碧海青天石龟望北

王母天宫女裙钗^①，豆蔻^②芳春动情怀。

北斗金童^③寄相思，青鸟^④殷勤探看来。

凤凰于飞^⑤雷霆怒，贬玉化鱼深潭住。

星君恩师动恻隐^⑥，仙法百变鸳鸯^⑦护。

王母二起雷霆怒，别鹤离鸾^⑧为玉树。

金郎变龟定山峰，一生守望不相负。

【注释】

①裙子与头钗都是妇女的衣饰，因此，旧时常用"裙钗"借指妇女。〔明〕梁辰鱼《浣纱记·打围》："彼勾践不过一小国之君，夫人不过一裙钗之女，范蠡不过一草莽之士。"

②豆蔻：中国古代年岁的别称，诗文中常用于比喻少女。

③金童：道家指侍奉仙人的童男。

④青鸟：信使的代称。〔唐〕李商隐《无题》："蓬山此去无多路，青鸟殷勤为探看。"

⑤凤凰于飞：凤和凰相偕而飞，常用于比喻夫妻合欢恩爱。《诗经·大雅·卷阿》："凤凰于飞，翙翙其羽。"

⑥恻隐：见人遭遇不幸而心里有所不忍，即同情。

⑦鸳鸯：鸟名，文学上常用于比喻夫妻。

⑧别鹤离鸾：离别的鹤、孤单的鸾，常用于比喻离散的夫妻。〔汉〕蔡邕《琴操》："牧子娶妻五年，无子，父兄欲为改娶。妻闻之，中夜惊起，倚户悲啸。牧子闻之，援琴鼓之云：'痛恩爱之永离，故曰《别鹤操》'"。

名称：北斗金玉龟
石种：天然原石
规格：4 cm×3 cm×3 cm

　　相传，玉女由于与北斗星君的童子金童相爱，被王母娘娘打入九华山的百丈潭中。金童私自下凡与玉女为伴，北斗星君遂将金童的仙形道法收回，让他们留在人间结为夫妻。知闻此事后，王母娘娘大怒，她来到九华山，把玉女变成一棵树，金童变为石龟，使他们永世不得相见。但石龟爱玉女之心不死，终日翘望北斗，盼望北斗星君再来搭救。

　　According to legend, a fairy named Yunu fell in love with Jintong, a boy servant for Lord of the North Dipper, but was therefore thrown into the deep pool of Jiuhua Mountain by Heavenly Queen Mother. Jintong secretly came down to earth for keeping company with Yunu. In view of this Lord of the North Dipper took back Jintong's supernatural powers, and let them become husband and wife on earth. After becoming aware of this, Heavenly Queen Mother raged, and came to Jiuhua Mountain to turn Yunu into a tree, and Jintong into a stone turtle, intending to make them never see each other again; however, the stone turtle remained in love, and looked up at the North Dipper all day long, with an expectation that Lord of the North Dipper could come to save them again.

北斗金玉龟

拾级递阶龟

——灼龟问卜借天垂象

灼龟问卜定凶祥，帝王占事用龟王[①]。

文用龟相武用将，沐浴焚香礼上苍。

奠[②]龟引燋[③]薪火旺，探纹寻裂查龟象[④]。

朱笔龟繇[⑤]录卜辞[⑥]，神庙高阁束龟藏[⑦]。

【注释】

①〔明〕李明珍《本草纲目·介部·水龟》载："彼有龟王、龟相、龟将等名，皆视其腹背左右之文以别之。龟之直中文，名曰千里。其首之横文第一级左右有斜理皆接乎千里者，即龟王也。他龟即无此矣。言占事帝王用王，文用相，武用将，各依等级。"

②奠：稳固地安置。

③燋：灼龟的引火柴。《仪礼·士丧礼》载："卜人抱龟燋，先奠龟，西首，燋在北。"

④龟象：龟卜显现的征兆。《左传·僖公四年》载："筮短龟长。"〔西晋〕杜预注："物生而后有象，象而后有滋，滋而后有数，龟象筮数，故象长数短。"

⑤龟繇（yáo）：龟卜所得的文辞。

⑥殷人占卜，常将占卜人姓名、占卜所问之事及占卜日期、结果等刻在所用龟甲或兽骨上，间或刻有少量与占卜有关的记事。这类记录文字通称为卜辞。

⑦龟藏：将占卜所用龟甲珍藏起来。

名称：拾级递阶龟
石种：天然原石
规格：33 cm × 16 cm × 21 cm

根据龟壳上的纹路，可以将龟分为三个等级：第一等的是龟王，龟壳上的纹路写着"千里"二字；第二等的是龟相、龟将，龟壳上写着"百里"二字；第三等的是普通龟，龟壳上就没什么特别的了。古代文臣占卜时所用的就是这三种龟的背甲。

Turtles can be divided into three classes by the pattern on their shells. The first class is turtle king, with the terms "thousand miles" written on the shell; the second class includes turtle chancellor and turtle general, with the terms "hundred miles" written on the shell; and the third class includes ordinary turtles, whose shells have nothing special. Ancient civil servants used back shells of these three classes for divination.

拾级递阶龟

史鉴正身龟

——册府藏书元龟明鉴

帝王集书册府^①藏，

治国理政鉴龟^②样。

上古五代别类史，

经史子集说一旁。

编年列传相流转，

三十一部总序详。

八载纂书成伟业，

《册府元龟》^③诏题^④榜。

【注释】

①册府：释义有二，一为古代帝王藏书之所，二为文坛、翰院，这里取第一义。《晋书·列传·第四十二章》载："绁奇册府，总百代之遗编；纪化仙都，穷九丹之秘术。"

②在古代，"灼龟"以占卜国家大事，而"鉴龟"即将灼龟后显示的龟纹作为治理国家的借鉴。

③《册府元龟》：北宋四大部书之一，为政事历史百科全书性质的史学类书，居四大部书之首，其余三部为《太平广记》《太平御览》《文苑英华》。

④诏题：帝王颁发的文书命令。

名称: 史鉴正身龟
石种: 天然原石
规格: 36 cm × 28 cm × 16 cm

　　"册府"是帝王藏书的地方；"元龟"是大龟，古代用其占卜国家大事。"册府""元龟"合在一起意即作为后世帝王治国理政的借鉴。

　　《册府元龟》取材以正史为主，间及经书、子书，专收上古至五代的君臣事迹，尤重唐、五代。全书分31部，每部前有"总序"和"小序"，属概述性质，对于了解有关内容有所帮助。

"Record Bureau"is the place where emperors kept their books, and "Prime Turtle"is a big turtle, used for divination about major state affairs in ancient times, designed to provide reference for later emperors to govern the state.

Materials of Prime Tortoise of the Record Bureau were mainly drawn from official history books, as well as Confucian classics, works of ancient philosophers other than those of Confucius, with exclusive collection of deeds about emperors and subjects from ancient times to Five Dynasties, especially focusing on Tang, and Five Dynasties. The whole book comprises 31 sections, each of which includes "General Preface" and "Brief Preface", having a nature of overview, helpful for an understanding of relevant content.

施援保驾龟

——龙争虎斗神龟救驾

元璋洪武[1]都[2]金陵，

九江称帝[3]抗[4]门庭。

决战鄱阳龙虎斗[5]，

山河易[6]色鬼神惊。

舟翻船覆殒[7]天命，

握图临宇[8]神龟名。

【注释】

①1368年，朱元璋击破各路农民起义军、控制江南全境后在应天府称帝，国号"大明"，年号"洪武"。

②都：一国最高行政机关所在地。这里指定都。

③1359年，陈友谅迁"都"江州（今江西九江），自立为汉王。次年登基称帝，国号"汉"，改元"大义"。1363年，陈友谅率军进攻朱元璋，在鄱阳湖大败，自己也在突围时中流箭而死。

④抗：抵御。

⑤元朝末年，朱元璋和陈友谅为争夺鄱阳湖水域进行了一次战略决战。决战以朱元璋完全胜利告终。这次战役被视为中世纪世界规模最大的水战。

⑥易：改变，更改。

⑦殒：死。

⑧握图临宇：掌握全国地图，君临天下，比喻取得全国政权。图，图籍。宇，天下。《魏书·列传》卷四四载："伏惟皇魏，握图临宇，总契裁极，道敷九有，德被八荒。"

名称：施援保驾龟
石种：天然原石
规格：29 cm × 16 cm × 14 cm

　　元末，朱元璋和陈友谅曾在鄱阳湖展开一场大战。一次，朱元璋乘坐的帅船被一个大浪打脱了船舵，眼看要翻船。紧急关头，一只老乌龟以身体当舵，让船前行得又快又稳。此后战局逆转，朱元璋彻底打败了陈友谅，为建立大明王朝打下了基础。

　　In the late Yuan Dynasty, Zhu Yuanzhang and Chen Youliang once had a fierce battle beside the Poyang Lake. One day, the rudder of the general ship take by Zhu Yuanzhang was pushed off by a big wave, and the ship was about to capsize. At that critical moment, an old turtle used its body as rudder to ensure the ship could go fast and steadily. Thereafter, the battle situation reversed, and Zhu Yuanzhang completely defeated Chen Youliang, laying a foundation for establishment of the Ming Dynasty.

施援保驾龟

仙阙①巢莲②龟

——餐霞饮露灵龟贺寿

灵龟③千年世罕见，

身轻如鸿似燕，

闻香戏叶巢芳莲。

冰清似皎月④，

高洁如玉盘。

寿比蟠桃⑤齐并肩，

遐龄⑥胜南山，

美意延年⑦。

【注释】

①仙阙（què）：仙宫。〔唐〕王勃《晚秋游武担山寺序》："瑶台玉堂，尚控霞宫；宝刹香坛，犹芬仙阙。"

②巢莲：以莲花为居所。巢，鸟搭的窝。

③灵龟：任昉在《述异记》中写道："龟千岁生毛，寿五千岁为神龟，寿万年为灵龟。"

④皎月：明月。〔宋〕柳永《长相思》："画鼓喧街，兰灯满市，皎月初照严城。"

⑤蟠桃：神话中的仙桃。《论衡·订鬼》引《山海经》曰："沧海之中，有度朔之山，上有大桃木，其屈蟠三千里。"

⑥遐（xiá）龄：高龄，形容寿命很长。《魏书·列传》卷七十载："以知命为遐龄。"

⑦延年：延长寿命。屈原《楚辞·天问》曰："延年不死，寿何所止？"

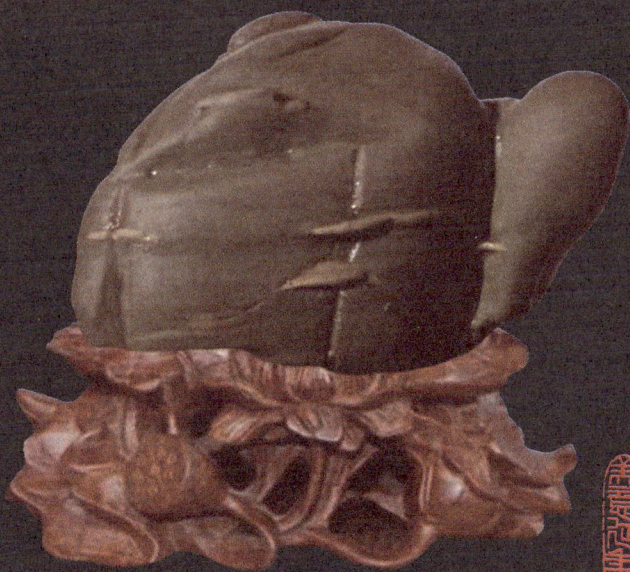

名称：仙阙巢莲龟
石种：天然原石
规格：6 cm×4.7 cm×4.5 cm

　　大多数的人都惧怕死亡，向往长寿。相传龟有千年之寿，因此"龟鹤""龟年鹤算""巢莲龟""巢龟戏叶"等成为常用的祝寿之词。

Most people fear death, and pursue longevity. According to legend, turtle also has a life of thousand years, so "turtle & crane" "age of turtle & longevity of crane" "Nest Lotus Turtle" and "Nest Turtle Playing with Leaf" become terms that people often use to wish others a long life.

仙阙巢莲龟

翠蛙积玉龟

——卜筮穷理名龟纳财

《龟策列传》①载神龟②，

得之扬身显尊贵。

不尽财源滚滚来，

富过千万三江汇。

一曰"北斗"七"九州"，

八曰"玉龟"珍在后。

王者得之鼎天下③，

百问千应玄灵透④。

趋吉避凶⑤穷⑥利害⑦，

定国安民福泽厚。

【注释】

①《史记·龟策列传》是专记卜筮活动的类传。"龟策"指龟甲和蓍草，古人用它们来占卜吉凶。《礼记·曲礼上》载"龟为卜，策为筮"，即卜用龟甲，筮用蓍草。

②神龟：传说中通神的灵龟。

③鼎：古代视为立国的重器，是政权的象征。"鼎天下"在诗中指称霸天下。

④《史记·龟策列传》载："能得百茎蓍，并得其下龟以卜者，百言百当，足以决吉凶。"

⑤趋吉避凶：谋求安吉，避开灾难。凶，灾难。

⑥穷：竭尽、极尽、终止、止境，这里指把利害表述清楚。〔汉〕班固《白虎通卷四》曰："十二足以穷尽阴阳，备物成功。"

⑦利害：利益与损害。《史记·龟策列传》载："先知利害，察于祸福。"

名称：翠蛙积玉龟
石种：天然原石
规格：5.5 cm × 4 cm × 4.8 cm

　　《史记·龟策列传》载：能得到名龟的，财物也就随之而来。名龟一共有"北斗龟""南辰龟""五星龟""八风龟""二十八宿龟""日月龟""九州龟""玉龟"八种。古书所画龟图的腹下各有字，会标明是哪种龟。

Historical Records - Turtle Divination Profile wrote: The person who can get a famous turtle would make a big fortune. There are eight famous turtles: "Beidou Turtle", "Nanchen Turtle", "Wuxing Turtle", "Bafeng Turtle", "Twenty - Eight Constellation Turtle", "Riyue Turtle", "Jiuzhou Turtle", "Yu Turtle". In turtle drawings of ancient books, there are characters under the belly of each turtle, indicating what kind of turtle it is.

翠蛙积玉龟

护法听经龟

——神龟越涧佛性禅心

南岳有衡山，

玉保①垂钓华严②畔。

倾心合众力，

千年神龟出水面。

夏氏清代立，

放生在庙前。

旷老③辨龟惊奇叹，

听经神龟今得见。

风雨无阻护善法，

累劫④穿行越寿涧⑤。

【注释】

①玉保：指衡阳市南岳区的韩玉保，曾钓到大龟。

②华严：指南岳中心景区华严湖。华严湖水现在还是环南岳大庙过，且与南岳大庙寿涧相通。乌龟顺水而下，逆水而上，与"神龟听经"传说中讲的一样。

③旷老：指南岳区文物处退休干部旷光辉。

④"劫"是佛教纪年的一种概念。"累劫"即连续数劫，表示时间极长。

⑤寿涧：南岳大庙分为九进四重院落，四周围以红墙，角楼高耸，寿涧山泉绕墙流注，颇似北京故宫风貌。

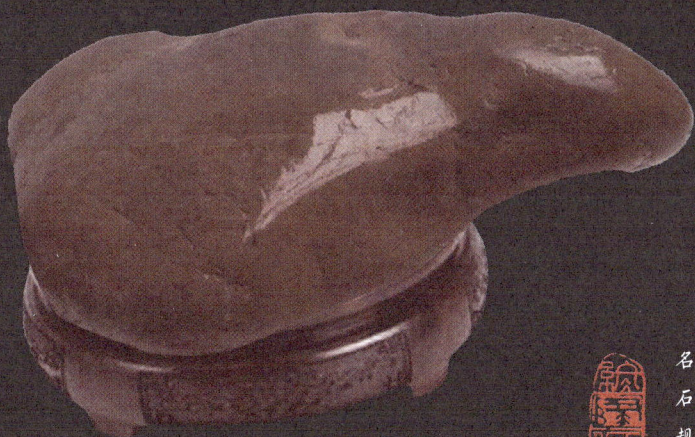

名称：护法听经龟
石种：天然原石
规格：34 cm × 20 cm × 12 cm

相传在明末清初，每逢南岳大庙僧人传经讲道、早晚做功课之时，有一只乌龟总会来到殿外静静听讲，风雨无阻。

在湖南省衡阳市南岳区的一处湖泊，此前也出现了一只这样的"千年灵龟"。南岳区文物处退休干部旷光辉看了该龟后，兴奋地说："这就是南岳大庙听经的乌龟。"

According to legend, in late Ming Dynasty and early Qing Dynasty, whenever monks of Nanyue Temple passed on scriptures in the morning or evening, a turtle would come to listen outside the hall, regardless of the weather.

Recently, such a "magic turtle of thousand years" was also seen in a lake situated at Nanyue District, Hengyang, Hunan Province. Kuang Guanghui, a retired leader of Nanyue Cultural Relics Division, after seeing that turtle, sad excitedly: "this is the exact turtle that listen to scriptures at Nanyue Temple."

护法听经龟

世代重德龟

——积善余庆恩龟救劫

人杰地灵①浦源镇，
钟灵毓秀②上洋村。
白银古道③显高义，
恩光御赐④耀宗门。
状元题诗龟龄⑤寿，
涎玉沫珠⑥借龟魂。

【注释】

①人杰地灵：山川秀丽之处有灵秀之气，能孕育出杰出的人才。杰，杰出。灵，好。〔唐〕王勃《滕王阁序》："人杰地灵，徐孺下陈蕃之榻。"

②钟灵毓秀：凝聚了天地间的灵气，孕育着优秀的人物，这里指山川秀美、人才辈出。钟，凝聚，集中。毓，养育。

③白银古道：指麻岭古道。据记载，明嘉靖三十年（1551）至隆庆五年（1571），上洋耆民张彭八经朝廷恩准，开坑凿矿，煽炼金银。所炼白银源源不断地从该驿道运往京城。

④恩光御赐：为了表彰张彭八对朝廷的贡献，嘉靖皇帝御赐上书"恩光"二字的金匾给他，以示嘉奖。

⑤龟龄：比喻长寿。〔南朝·宋〕鲍照《松柏篇》："龟龄安可获，岱宗限已迫。"

⑥涎玉沫珠：流出美玉，吐出珍珠，形容恩龟溪水花四溅、景象美丽。

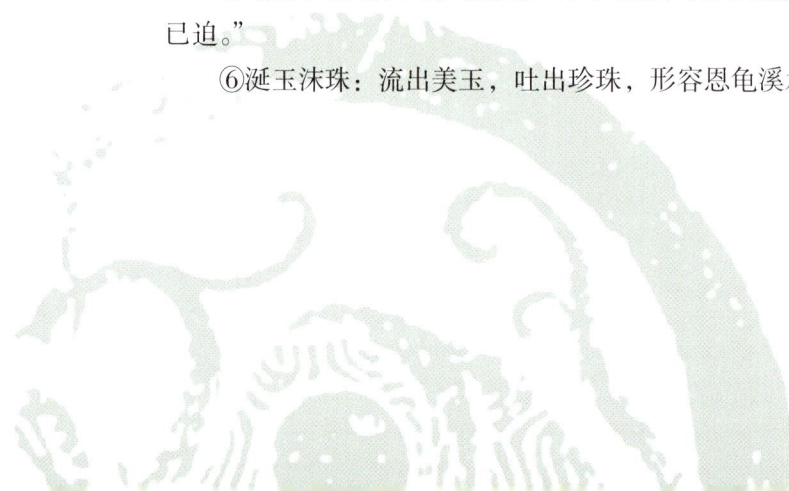

名称：世代重德龟
石种：天然原石
规格：8.5 cm×5 cm×4 cm

相传，大明弘治年间，周宁县（今隶属福建省宁德市）有一群顽皮的小孩在折磨一只乌龟，一个路过的老人就给孩子们讲了"乌龟救人"的故事。听完故事后，一个叫张彭八的小孩说："乌龟对我们有恩，大家把乌龟放生吧！"于是，这个地方便有了爱龟、护龟的传统。

后来，张彭八事业有成，但爱龟、护龟的习惯从未改变。有一次他还在乌龟的帮助下，逃过了一个大劫难。张彭八为了报答恩龟，特意建了一座土地庙。乡亲们也将每年的农历六月十五作为放生节。

According to legend, during the reign of Emperor Hongzhi of the Ming Dynasty, at Zhouning County (today's Ningde, Fujian Province), when a group of naughty kids were torturing a turtle, an old man passing by told them a story about turtle saving people. After listening to the story, a kid named Zhang Pengba said: "Turtle is kind to us, let's release it!" Since then, this place had a tradition of loving and protecting turtle.

Later, Zhang Pengba achieved a big success in business, but his habit of loving and protecting turtle never changed. Once, he even escaped from a major disaster with the help of turtle.To repay the turtle, Zhang Pengba particularly built a land temple, and the fellow townsmen regarded June 15 of each lunar year as the release festival.

世
代
重
德
龟

托福保家龟

——灵龟转运瑞气盈门

碧瓦朱檐[1]巧筑成，

置龟镇宅保安宁。

堆金积玉[2]显富贵，

官威赫赫[3]耀[4]门庭。

琴瑟和鸣[5]如意事，

子孝孙贤留美名。

【注释】

①碧瓦朱檐：形容建筑华美。

②堆金积玉：金玉多得可以堆积起来，形容财富极多。

③赫：明显，显著，盛大。

④耀：显扬。

⑤琴瑟和鸣：比喻夫妇情深意笃。

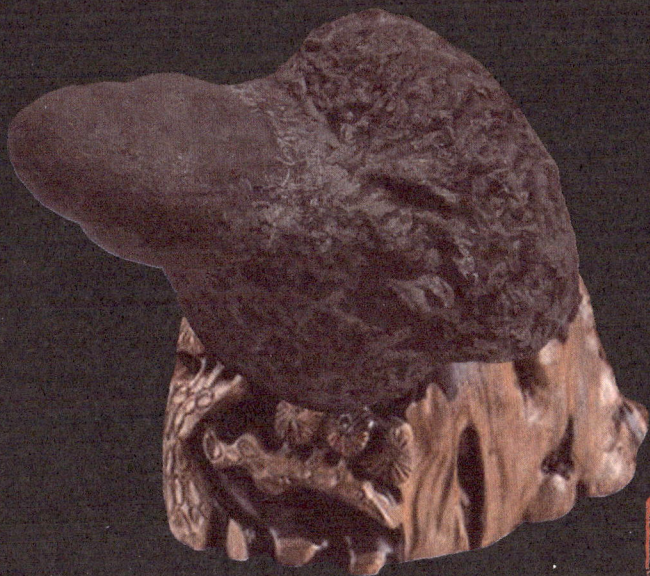

名称：托福保家龟
石种：天然原石
规格：17 cm×11 cm×10 cm

　　龟是上古四大灵兽之一。古人认为龟是人与天神之间联系的中介，通过它可以领会神的意志。龟兼有忍耐、负重、长寿、权威的象征，故而以龟镇宅有旺运、旺财、保平安的功效。古人用龟镇宅是把龟放在没打好的地基里，而现在人们则是将龟放养在屋子里。

　　Turtle is one of four ancient beasts. Ancient people believed, turtle was the intermediary between human and god of heaven, and through it, they could know god's will. Turtle is also a symbol of enduring, bearing load, longevity and authority, so by putting turtle in home, people could have good luck, good fortune, and safety. With regard to the way of putting turtle in home, ancient people placed it in the unfinished foundation, while modern people keep it in their room.

托福保家龟

善慈施雨龟

——天龟水神垂降甘霖

真武大帝玄武①龟，

调阴顺阳北方垂。

辖天管地护万民，

水神②庙里显神威。

龙王俯首听钦命③，

城隍④祈雨叩门扉⑤。

倒驾慈航悲悯⑥心，

解旱除涸⑦降甘霖⑧。

【注释】

①玄武：四圣兽之一。

②相传，玄武居住在北海，为水神。《重修纬书集成》卷六《河图》载："北方七神之宿，实始于斗，镇北方，主风雨。"

③钦命：皇帝的诏命。

④城隍：道教中指城池的守护神。

⑤门扉：门扇。

⑥悲悯：哀伤而同情。

⑦涸：水干。

⑧甘霖：久旱后下的雨。

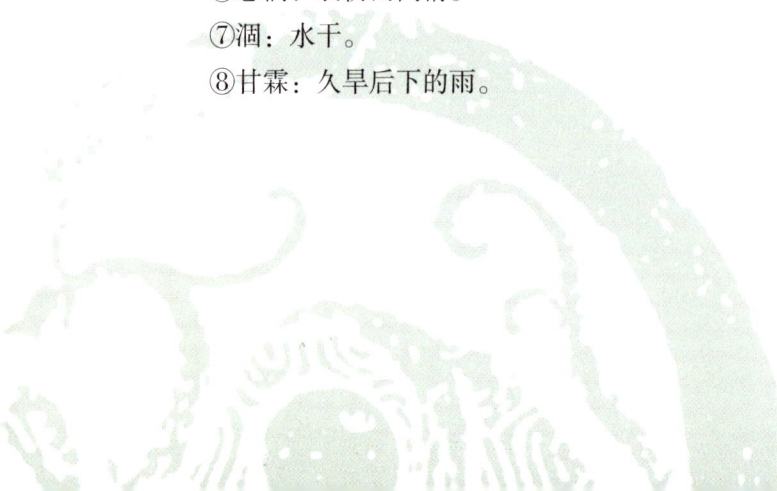

名称：善慈施雨龟
石种：天然原石
规格：17 cm×10.5 cm×9 cm

　　玄武的本意就是玄冥：武，是黑色的意思；冥，就是阴的意思。龟背是黑色的，因此，最早的玄武就是乌龟。最初的冥间在北方，所以玄武又成了北方水神。每逢旱灾，各州县的管事都要带着当地的黎民百姓，抬着城隍，到北极庙烧香祈雨，祈祷水神大慈大悲，普降甘霖。

　　The original meaning of Xuanwu (Black Tortoise) is Xuanming. "Wu" means black, while "Ming" means Yin (Netherworld). Turtle's back is black, so the earliest Xuanwu (Black Tortoise) referred exactly to turtle. At first, the Netherworld was in north, so Xuanming also became a god of water in north. Whenever there was a drought, the person in charge of each county would lead local people to carry a statue of the City God to pray for rain at Beiji Temple. They would pray for the mercy of the Water God and rain.

善慈施雨龟

怀馨志远龟

——含霜履雪借龟咏怀

放龟亭①里抒胸怀，

龟山书院②桃李③栽。

弃官为民④持正道，

抗金报国⑤扫阴霾⑥。

龟堂雅号⑦龟壳⑧戴，

惬心怡情⑨阴阳采。

宋代风流真名士，

德厚流光⑩奉龟来。

【注释】

①放龟亭：位于赤壁矶头，传说东晋大将毛宝守邾城时，曾将一只小白龟养大并放生于此江中，后得善报。

②龟山书院即东林书院，创建于北宋政和元年，是当时知名学者杨时长期讲学的地方。

杨时，北宋哲学家、文学家，晚年隐居龟山，学者称其"龟山先生"。

③桃李：比喻栽培的后辈和所教的门生。

④宋孝宗时，武陵知州刘龟年为官清廉，一心为民，后因看不惯南宋朝廷奸臣当道、苟且偷安而辞官归隐。

⑤宋徽宗崇宁年间进士黄龟年，官拜监察御史，为人清正廉明，后在奸相秦桧力主和金时据理力争，刚正不阿，虽遭贬官而不言悔意。

⑥阴霾：这里比喻人心灵上的阴影和不快的气氛。

⑦陆游晚年自号"龟堂"。

⑧龟壳：用龟壳做的帽子。

⑨惬心怡情：陶冶情操，调节心情，使心情愉快。

⑩德厚流光：德高望重，影响深远。流，影响。光，同"广"。

名称：怀馨志远龟
石种：天然原石
规格：24 cm × 13 cm × 11 cm

　　宋代龟崇拜被普及到民间，龟既是长寿、吉祥、富贵的象征，又是清廉正直、刚正不阿、高风亮节等品质和行为规范的象征。许多文人雅士宠龟、颂龟，以龟为铭，以终生伴龟为乐。例如，宋神宗时期的大文豪苏轼被贬官黄州后，常独自在放龟亭中静坐沉思，颂龟抒怀，对龟的高尚品格赞叹不已。

　　In the Song Dynasty, turtle worship spread to the folk. As turtle is a symbol of longevity, good luck and good fortune, as well as a symbol of such good qualities as being honest and upright, having a sharp sense of integrity, etc., lots of scholars were raising turtle as a pet, praising turtle, using turtle as their motto, and enjoy pleasure with company of turtle for life.For example, During the reign of Emperor Shenzong of the Song Dynasty, the great writer Su Shi was demoted to Huangzhou. He often sat at Turtle Release Pavilion, expressed his feelings by praising turtle for its lofty character.

神宝帝王龟

——龟鼎示位龟车望尊

禹铸九鼎划九州，

坐北朝南鼎在手。

鼎迁国灭失重器，

鼎饰龟纹汉室有。

銮舆①上圆法天象，

三十辐②射曰月光。

盖弓③二八列星阵，

旐旗④垂旒⑤拥帝王。

龟鼎龟车龟旗扬，

江山代有万年长。

【注释】

①銮舆（luán yú）：也叫銮驾，旧时指皇帝的车驾。

②辐：车轮中连接轮辋和车毂的一条条直棍。

③盖弓：古代车上支撑车盖的弓形木架。〔清〕李赓芸《炳烛编·盖弓》曰："《考工记》：'盖弓二十有八。'此车盖之弓橑，如今之伞骨。"

④旐（zhào）旗：指旌旗。

⑤垂旒（liú）：古代帝王贵族冠冕前后的装饰，以丝绳系玉串而成。

名称：神宝帝王龟
石种：天然原石
规格：78 cm×37 cm×18 cm

自尧时期至周代，均铸鼎作为帝王的象征，谁有鼎，谁就有天下，国灭则鼎迁。到了汉代，象征皇位的鼎上还要铸上龟文，名为"龟鼎"。

From Yao to the Zhou Dynasty, a quadripod caldron would be cast as a symbol of emperor, and the person who owned the quadripod caldron would control the state; if a state perished, the quadripod caldron would be removed. In the Han Dynasty, the quadripod caldron symbolizing the throne would be cast with turtle inscriptions, named "Turtle Quadripod Caldron".

神宝帝王龟

归隐问仙龟

——漱流枕石廉龟自牧

金玺龟钮①天地尊，贤者佩之灵性存。

官高爵显全荣耀，俗物牵绊②劳③色身④。

何不解龟⑤弃城邑⑥，布衣桑麻⑦话归林。

流金叠翠⑧山含黛，披黄抹绿⑨岭添金。

山肴野蔌⑩解花语，喷珠吐玉⑪悦耳闻。

【注释】

①金玺：金制成的印玺。龟钮：印章上用来系绶带的、凸起的部分，为龟形。

②牵绊：牵扯，纠缠使不能脱开。

③劳：辛苦。

④色身：佛教术语，即肉身。

⑤解龟：解下龟印，指辞官。〔南朝·宋〕谢灵运《初去郡》："牵丝及元兴，解龟在景平。"李善注："解龟，去官也。"

⑥城邑：城市。

⑦桑麻：桑树和麻，这里指做农事。

⑧流金叠翠：形容秋天美丽的景色，碧绿和金黄交相辉映。

⑨披黄抹绿：形容山林之美。披，穿戴，抹，涂。

⑩山肴野蔌：山中的野味和野菜。山肴，用山野里打来的鸟兽做的菜，俗称"野味"。蔌，菜蔬。〔北宋〕欧阳修《醉翁亭记》："山肴野蔌，杂然而前陈者，太守宴也。"

⑪喷珠吐玉：嘴里喷吐出珍珠美玉，形容博学多才、出口成章。

名称：归隐问仙龟
石种：天然原石
规格：29 cm × 15 cm × 13.5 cm

　　龟钮，即形状似龟的印钮。在汉代，朝廷把龟和皇族的祖先直接供奉在一起。受这种龟和皇族一体思想的影响，汉代官印体制将龟纳入其中，带龟钮的印章也应运而生，从而使龟钮成为权力的一种强有力的象征。有些清廉的官员看不惯官场的腐败，不愿与其同流合污，便解钮归隐山林，过着闲云野鹤的生活。

　　Turtle button is a chop button shaped like turtle, which was already seen in official chops of the Han Dynasty. The royal court of the Han Dynasty placed turtle and imperial ancestors together; It was such ideology of combing turtle and royal family that made the official chop system of the Han Dynasty incorporate turtle, so that chops with turtle button were formally produced. Accordingly, turtle button became a clear symbol of power. Some honest officials could not bear the sight of corruption, and were unwilling to associate with evil, so they took off the button and went back to rural areas for a life of leisure.

归隐问仙龟

摄神养生龟

——怀仁化运神龟褒善

寡^①种福^②田阴德^③少，大明司寇五子夭^④。

唯余一子体孱弱^⑤，十九春秋恐难消。

抽简禄马^⑥泄天机，悲心慈愍^⑦放龟遨^⑧。

梦来神传龟息法，观颐^⑨吸霞^⑩百病消。

延寿增瑞得善果，感天动地百岁高。

【注释】

①寡：少。

②古称富贵、寿考等齐备为"福"。

③阴德：暗中做的有德于人的事。《淮南子·人间训》："夫有阴德者，必有阳报；有阴行者，必有昭名。"

④夭：夭折，指未成年的人死去。

⑤孱（chán）弱：瘦小虚弱。《北史·列传》卷三九载："凝诸王中最为孱弱，妃王氏，太子洗马王洽女也，与苍头奸，凝知而不能限禁。"

⑥抽简禄马：算命占卦。禄马，古代中国相术术语"禄存"与"天马"。

⑦慈愍（mǐn）：仁慈，怜悯。《梁书·列传》卷五四载："朝望国执，慈愍苍生，八方六合，莫不归服。"

⑧遨（áo）：远游、漫游。

⑨观颐：观察研究养生之道。《周易·颐卦》："观颐，自求口实。"孔颖达疏："观颐者，颐，养也，观此圣人所养物也。"

⑩吸霞：吸食朝霞，道家用以修炼养生。

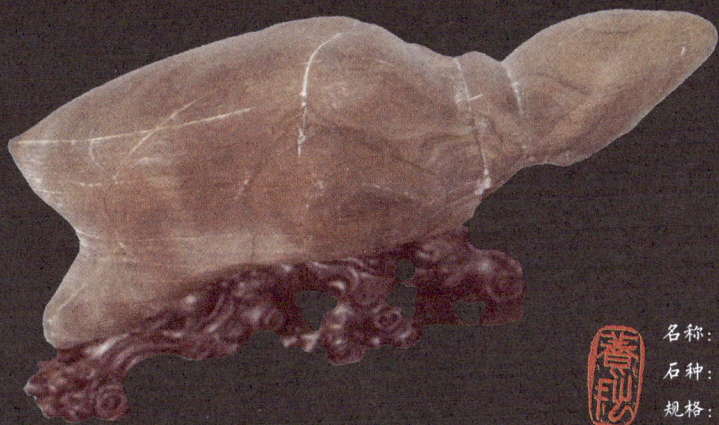

名称：摄神养生龟
石种：天然原石
规格：27 cm × 13 cm × 11.5 cm

相传，明代时有个叫刘景的年轻人，他的五个哥哥全都早早便夭折了。相士说刘景体弱多病，也活不过19岁，但他若能广行善事，可渡过难关。有一次，刘景坐船渡河时看到别人欲捕杀一只大乌龟，他动了恻隐之心，便买来放生了。当晚，乌龟化作道人，传给刘景一套龟息养生法，以报放生之恩。刘景照着此法练习，最终活到98岁。

According to legend, in the Ming Dynasty, there was a young boy named Liu Jing. He had five older brothers, but all of them died young. Physiognomists said Liu Jing was feeble and sick, and would also die before the age of 19, unless he could do lots of good deeds. One day, when crossing a river by boat, Liu Jing saw others trying to kill a big turtle. Having mercy on that turtle, he bought it for release. At night, that turtle turned into a Taoist priest, and passed on a turtle breathing fitness method to Liu Jing in return for his kindness. Liu Jing followed that method, and eventually lived to the age of 98.

摄神养生龟

匡正除邪龟

——甘棠①罹难②三龟除蛇

赵州树神数梨棠，

靓艳含香③沁④心房。

瑶池⑤仙姝⑥临凡界，

解危救难美名扬。

芳魂常引群魔妒，

周遭千蛇绕干长。

寸尺三龟魔荡尽，

梨香蕊白映朝阳。

【注释】

①甘棠：木名，即梨棠（又叫棠梨）。《诗经·国风·召南·甘棠》："蔽芾甘棠，勿剪勿伐，召伯所茇。"

②罹（lí）难：遭遇祸难或遭受迫害而去世。

③靓（jìng）艳含香：这里指梨花盛开，美好艳丽，香气扑鼻。

④沁：渗入，浸润。

⑤瑶池：中国神话中西王母居住的地方，即今新疆天池。

⑥仙姝：仙女。

名称：匡正除邪龟
石种：天然原石
规格：23 cm×9 cm×11 cm

　　相传唐代时，赵州宁晋县沙河北有一株大梨树，百姓们都把它当作神树供奉。有一天，很多从河的南岸爬来的大蛇突然围在了梨树四周，眼看大梨树枝叶飘零，人们惊恐万分。这时，只见三只寸尺长的乌龟围着群蛇转了三圈，蛇就都死了，乌龟也随即离开了。之后，大梨树又恢复了生机，甚至连树上的梨花都比以前开得更加娇艳了。

　　According to legend, in the Tang Dynasty, there was a big pear tree at the north of Shahe, Ningjin County, Zhaozhou, treated as a magic tree by local people. One day, lots of large snakes came from the south bank of the river, and surrounded the pear tree. Looking at falling branches and leaves of the pear tree, people became terrified. At that time, three small turtles were seen to circle around snakes three times; then those snakes died, and turtles left. Thereafter, the big pear tree revived, even more delicate and charming than before.

匡正除邪龟

宝体自珍龟

——寸甲尺金龟品四宝

汉武始制龟文币[1]，龙池凤沼[2]藏龟身。

王莽新朝改旧制，龟宝四品弥足珍。

元龟[3]尺长又二寸，冠绝天下世罕闻。

公龟[4]九寸五百钱，世间鲜有造化身。

侯龟[5]七寸减半分，子龟[6]百钱琳房[7]存。

自古通达多借力，寸金尺璧[8]何求人。

【注释】

①元狩四年，卫青、霍去病再次北上征讨匈奴，使西汉的财政愈加窘迫。汉朝廷决定发行新的货币，来弥补财政支出的严重不足。一种是龙文币；一种是马文币；还有一是龟文币，重四两，狭长形，值三百钱。梁启超《中国古代币材考·龟币》载："古代用龟币，以全龟为之者固多，然割裂之者亦不少，盖势之所趋，不得不尔也。"

②龙池凤沼：龟币的一种。《古钱征信录》云："有一龟币，形制恢异，中如琴，背作龙池凤沼状，而置动龟于内，可上可下，首尾足具备。"

③元龟：一种龟币，龟甲直径一尺二寸，值二千一百六十钱，为大贝十朋（古代货币单位）。

④公龟：一种龟币，值五百钱，为壮贝十朋。

⑤侯龟：一种龟币，值三百钱，为幺贝十朋。

⑥子龟：一种龟币，值百钱，为小贝十朋。

⑦琳房：炼丹房的美称。

⑧寸金尺璧：形容十分珍贵。璧，古代的一种玉器。

名称：宝体自珍龟
石种：天然原石
规格：42 cm×17 cm×21 cm

　　龟币，是指古代用龟壳制作的货币。在大量中国古代神话中，龟常常能给人带来财富。据考证，远在虞夏之时，人们就把龟和白玉齐观，视龟为宝，作为各种物品的等价物。西汉时，王莽恢复了周代以前的龟贝之币，在龟币中又分了四个等级，即"龟宝四品"。

　　Turtle coins refer to currency made of turtle shells in ancient times. In many Chinese ancient fairy tales, turtle often brought fortune for people. According to survey, during the times of Yu and Xia, people gave equal attention to turtle and white jade, and considered turtle as treasure, equivalent of various materials. Turtle itself is a wealth. During the period of the Western Han Dynasty, Wang Mang resumed turtle shell coins used before the Zhou Dynasty, which were divided into four levels, i.e "Four Turtle Treasures".

宝体自珍龟

迷途引路龟

——慈心放龟遗惠后代

唐湖刺史恭良①性，悲心慈悯②重耳③闻。

下僚④银坑捕巨龟，持献杀之百岁存。

拱手涕零暗相放，十载仙乡卧孤坟。

后人刘彦携眷官⑤，山洪泛溢雨倾盆。

俄顷⑥神龟引迷途，夜梦敬告偿⑦父恩。

寸草衔结⑧晓大义，怀德待报胜世人。

【注释】

①恭良：为人忠厚老实，谦虚而有礼貌。

②慈：仁爱。悯：怜悯。

③重耳：两只耳朵。

④下僚：下属、属官。

⑤携眷官：携带家眷赴任的路上。

⑥俄顷：片刻，一会儿。

⑦偿：归还，补还。

⑧寸草衔结：比喻虽然力薄，亦当感恩图报。

名称：迷途引路龟
石种：天然原石
规格：21 cm×12 cm×9 cm

　　相传唐代时，有个名叫刘彦回的人，他的父亲是当时的湖州刺史。有一回，下属抓了一只大乌龟献给他父亲，并告诉他父亲吃了此龟可以活一千年。下属走后，他父亲就把乌龟放生了。

　　十多年后，刘彦回的父亲已经病故了，他自己也当了官，但在上任的途中遇到了山洪暴发，一家人危在旦夕。这时，一只大龟游了过来，把他一家人驮到安全的地方后就离开了。晚上，刘彦回在梦中方才知道，是父亲十多年前放生的那只乌龟报恩来了。

According to legend, in the Tang Dynasty, there was a person named Liu Yanhui, whose father took office of Huzhou Governor. One time, a subordinate captured a big turtle and offered it to his father while saying that his father would live for a thousand years if eating the turtle. After the subordinate left, his father released the turtle.

More than ten years later, Liu Yanhui's father died of an illness, and he became an official. On his way to office, a flood happened, putting his family in great danger; at that moment, a big turtle came to guide them toward a safe place, and then left. At night, Liu Yanhui became aware in his dream that, it was the turtle saved by his father more than ten years ago.

迷途引路龟

悬印袭紫龟

——北斗之尊神龟绾黄

初唐始制锦罗裳，五品印袋绣鱼郎[1]。

三品公卿[2]示权贵，紫袍玉带[3]显威扬。

天授武后以龟易[4]，三品金龟[5]翠幔[6]藏。

中宗李显钦命改，初年龟息鱼又翔[7]。

宋袭唐制承旧样[8]，千古神龟下庙堂。

【注释】

①鱼郎：鱼袋。

②唐朝官员依正、从、上、下分为九品三十级，如正一品、从一品、正二品、从二品、正三品等。武则天执政时，只有中书令和侍中为真宰相。"公卿"在诗中泛指高官。

③紫袍：古代公服，唐代规定亲王及三品以上官员穿紫袍。玉带：唐宋官员所用的玉饰腰带，有区分官阶高低的作用。

④武则天天授元年（690），改内外官所佩鱼符为龟符，鱼袋为龟袋。

⑤武则天久视元年（700），规定职事官三品以上佩戴龟袋用金饰，四品用银饰，五品用铜饰。《旧唐书·志》卷二五载："天授元年九月，改内外所佩鱼并作龟。久视元年十月，职事三品已上龟袋，宜用金饰，四品用银饰，五品用铜饰。上守下行，皆从官给。"

⑥翠幔：翠色的帷幔。

⑦武则天晚年病重后，唐中宗复位，又恢复旧制，改官员佩龟袋为鱼袋。《旧唐书·志》卷二五载："神龙元年二月，内外官五品已上依旧佩鱼袋。六月，郡王、嗣王特许佩金鱼袋。"

⑧宋承唐制，但略有差别。唐代时鱼袋中配有随身鱼符，但宋代时不再用鱼符，而是在袋上用金银直接饰以鱼形。

名称：悬印袭紫龟
石种：天然原石
规格：22 cm × 12 cm × 11.5 cm

　　唐代把龟的灵威应用于皇权的方方面面，将对龟的崇拜推至高峰。首先，将调兵遣将的传统虎符改为龟符，北方边陲的都护府改名为龟林府。其次，在武则天执政时期，五品以上的官员都要身穿龟衣，腰配龟袋；当大官的腰间胸前都要挂上一只龟，使龟的权威直接显露在外。

In the Tang Dynasty, turtle worship was pushed to the peak, and its magic authority was used for all aspects of imperial power. First of all, the traditional tiger-shaped tally issued to generals as imperial authorization for troop movement was replaced by turtle-shaped tally, and protectorate at the northern border was renamed as Turtle Mansion. Secondly, during the reign of Wu Zetian (the only female Emperor of China), all officials of the fifth grade or above should wear turtle clothes, with a turtle bag at the waist, and high-ranking officials should carry a turtle at the waist and chest, directly showing the authority of turtle.

悬印袭紫龟

兆梦送子龟

——圣俞挥毫黄龟做子

宋朝诗祖梅宛陵①，鸿衣羽裳②曾入梦。

喜眉赠龟盈③笑眼，天赐麟儿④翌日⑤生。

琅嬛⑥福地神仙所，鸾姿凤态⑦玉琢⑧成。

黄龟化儿全孝悌⑨，挥毫留诗一笔成。

【注释】

①梅宛陵：指梅尧臣，字圣俞，北宋著名现实主义诗人，世称"宛陵先生"。

②鸿衣羽裳：以羽毛为衣裳，指神仙的衣着。〔北魏〕郦道元《水经注》卷二载："岩堂之内，每时见神人往还矣，盖鸿衣羽裳之士，练精饵食之夫耳。"

③盈：充满。

④麟儿：颖异的小孩子。

⑤翌日：第二天。〔南宋〕文天祥《指南录后序》："翌日，以资政殿学士行。"

⑥琅嬛（láng huán）：也作"琅环"，传说中的仙境。雷昭性《参禅白云古刹苦不能静诗以遣之》："恍惚入琅环，飘荡游岣嵝。"

⑦鸾姿凤态：比喻神仙的仪态。《云笈七签·经教相承部》卷一载："弟子十八人，并皆殊秀，然鸾姿凤态，眇映云松者，有韦法昭、司马子微、郭崇真。"

⑧玉琢：用玉雕刻成，形容秀美。

⑨孝：指孝顺父母。悌：指友爱兄弟姐妹。孔子非常重视"孝悌"，认为"孝悌"是做人、做学问的根本。

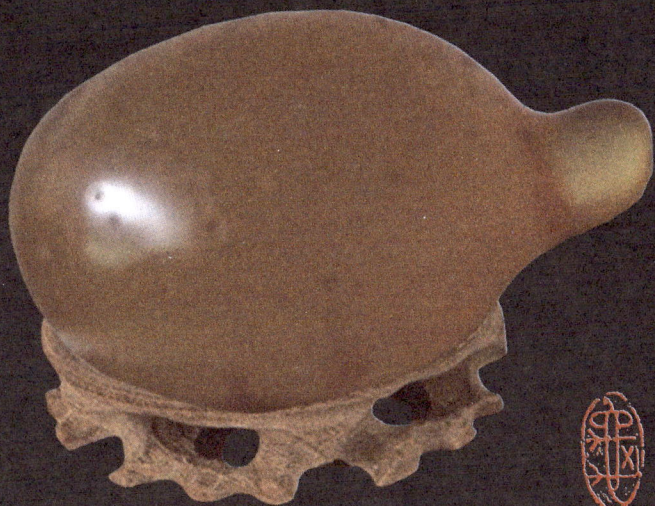

名称：兆梦送子龟
石种：天然原石
规格：1.5 cm×0.9 cm×1 cm

梅尧臣，世称"宛陵先生"，北宋著名现实主义诗人，在诗坛上声望很高，和苏舜钦齐名，被称为"苏梅"，又与欧阳修交好，并称"欧梅"。他们都是北宋诗歌革新运动的推动者，对宋诗产生了巨大的影响。

一天晚上，梅尧臣梦见一个道士送给他一只黄龟，结果第二天他的夫人就生了个眉清目秀的大胖儿子，对此，他还特意作了一首诗。

Mei Yaochen, i.e. Mr. Wanling, a famous realistic poet in the Northern Song, enjoyed the same high reputation as Su Shunqin in the poetry community, jointly called "Su Mei", and also made good friends with Ouyang Xiu, jointly called "Ou Mei". Both of whom were pushers of the poetry revolution in the North Song, having great influence on poems of the Song Dynasty.

One night, Mei Yaochen dreamed of a Taoist priest giving him a yellow turtle, and next day, his wife gave birth to a lovely son with fine features. For this, he even particularly composed a poem.

兆梦送子龟

惜缘法喜龟

——盲龟浮木朽株再春

广袤^①深海盲龟存，寿蔽天地^②万年伦。

当值期颐^③逢机缘，方始褪去甲壳身。

亘古^④洪荒^⑤有浮木，万孔千凿龟颈吻。

浮木载东载西沉，盲目探孔耐千寻。

潮来潮去洪荒老，霞光万丈觑^⑥红尘。

人身难得今已得，花发枯木又逢春。

【注释】

①从东到西的长度叫"广"，从南到北的长度叫"袤"。"广袤"在诗中形容海洋辽阔。

②寿蔽天地：寿命比天地还长。蔽，遮、挡。《黄帝内经·素问·上古天真论》载，上古真人"寿蔽天地，无有终时"。

③期颐：一百岁。《礼记·曲礼上》载："百年曰期、颐。"郑玄注："期，犹要也；颐，养也。不知衣服食味，孝子要尽养道而已。"

④亘古：自古以来；整个古代。

⑤洪荒：混沌蒙昧的状态，指远古时代。

⑥觑（qù）：看，偷看，窥探。

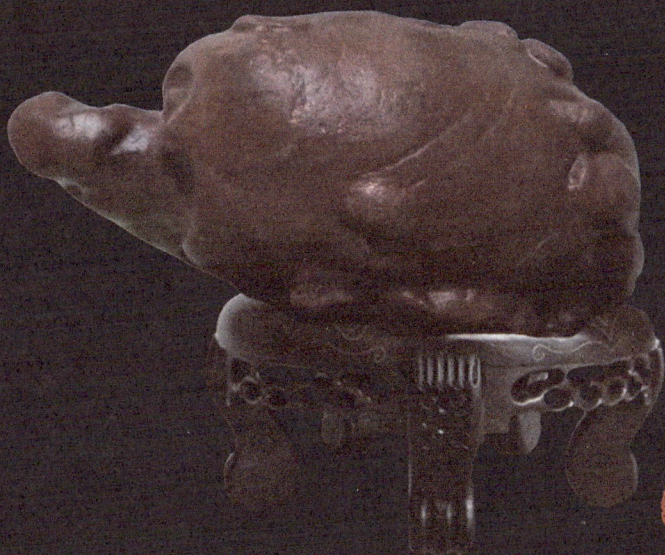

名称：惜缘法喜龟
石种：天然原石
规格：19 cm×12 cm×11 cm

　　佛经《杂阿含经》里有一则盲龟浮木的故事：在幽暗的大海深处，住着一只瞎眼但寿命比宇宙还要长的乌龟，大海中飘荡着一根中间挖有如其颈项一般大小孔洞的浮木。相传，只有当每一百年才有机会浮出一次水面的盲龟尖尖的头恰巧顶住浮木小小的孔洞时，才能重见光明，获得人身。

In *the Samyutta Nikaya*, there is a story about blind turtle and floating wood: in the dark depths of the sea, a blind turtle lives there, whose life however, is even longer than the universe, while on the sea, a floating wood is always drifting there, with a hold in the same size as the neck of that turtle in the middle.According to legend, Every one hundred years, that blind turtle has only one chance to come out of water surface, and by having its head support the small hold of the floating wood, it can recover its sight, and turn into human body.

文思益智龟

——云霞满纸金龟予才

五代轶事①天下传，刘赞生愚智迟缓。

蟾宫折桂②丹墀③愿，叩求瑶林玉树④攀。

夜梦囫囵⑤吞金龟，颖悟⑥绝人世惊羡。

福不盈眦⑦终归去，旋梦吐龟碧水间。

彩云易散⑧梦易醒，驾鹤西游⑨绝尘寰⑩。

【注释】

①轶事：同"逸事"，世人不知道的史事。多指未经史书记载的事迹。

②蟾宫折桂：攀折月宫桂花，科举时代比喻应考得中。蟾宫，月宫。

③皇帝殿前石阶涂上红色，叫"丹墀"。〔唐〕李嘉祐《送王端赴朝》："君承明主意，日日上丹墀。"

④瑶林玉树：形容人容貌、智力出众。〔宋〕向子谭《南歌子·郭小娘道装》："瑶林玉树出风尘，不是野花凡草，等闲春。"

⑤囫囵：完整、整个儿。

⑥颖悟：聪慧过人（多指少年）。《晋书·列传·第十三章》载："戎幼而颖悟，神彩秀彻。"

⑦福不盈眦：福禄富贵渺小而短暂。《文选·班固〈答宾戏〉》载："朝为荣华，夕为憔悴，福不盈眦，祸溢于世。"

⑧彩云易散：美丽的彩云容易消散，比喻好景不长。〔唐〕白居易《简简吟》："苏家小女名简简，芙蓉花腮柳叶眼……大都好物不坚牢，彩云易散琉璃脆。"

⑨驾鹤西游：死的婉称。

⑩绝尘寰：指离开人世。绝，断绝。尘寰，人世间。

名称：文思益智龟
石种：天然原石
规格：2.5 cm×1.5 cm×1 cm

　　五代的时候有个叫刘赞的人，生性愚钝，常被乡人耻笑。于是，他就摆下香案，乞求上天赐他文采。当天夜里，他梦到自己吞了一只金色的乌龟，从此以后，文思大进。可没有多久，他又梦到把金龟吐出去了。不久以后，刘赞就亡故了。

　　这则故事告诉我们，要想出人头地，就要付出相应的努力，靠不正当手段获得的东西是不会长久的。

During the period of the Five Dynasties, there was a person named Liu Zan, who was slow-witted, and often laughed at by his fellow townsmen. Therefore, he set an incense table to pray for literary talents from heaven. At night, he dreamed of swallowing a golden turtle, and since then, he was full of inspiration while writing. However, not long later, he dreamed of spitting out that turtle, and shortly afterward, Liu Zan died.

This story tells us, a man has to use the corresponding endeavors if he wants to get ahead, and anything obtained by improper means cannot last long.

文思益智龟

七星九鼎龟

——鼎文龟符天鼋借魂

玄武北海隐仙身，

通冥^①问卜阴阳闻。

虚危之星^②临凡界，

神得一灵铸鼎^③魂。

社稷隆昌借龟力，

问鼎^④天下帝王尊。

【注释】

①冥：神灵。

②虚危之星：北方的七个星座——斗、牛、女、虚、危、室、壁，合起来像一个龟和蛇两种动物的组合体，古人称其为"玄武"。

③铸鼎：典故名，典出《史记·封禅书》《左传·宣公三年》。指黄帝铸鼎乘龙的传说，也用为帝王死去之典和指禹收九州之金铸九鼎而象百物（铸上各种牲口的图像）。后用此称颂君王功德。

④问鼎：图谋夺取政权。

名称：七星九鼎龟
石种：天然原石
规格：31 cm × 14.5 cm × 6.5 cm

　　玄武是一种由龟和蛇组合成的灵物。龟卜就是请龟到冥间去询问祖先，将答案带回来，并以卜兆的形式显给世人。从先秦时代开始，玄武就是代表颛顼与北方七宿的神兽。先人们迷信玄武的神力，把它铸在青铜鼎上，视为皇权的象征。

　　Black Tortoise is a magic object that combines turtle and snake. Turtle divination is to invite turtle to the Netherworld to ask the ancestor, bring back the answer, and show to people in the form of divination message. From the times of Pre-Qin, Black Tortoise had been a mythical creature representing Zhuanxu and seven beasts in the north. Ancestors had blind faith in the magic power of Black Tortoise, and cast it on a bronze tripod as a symbol of imperial power.

七星九鼎龟

八命化运龟

——神工鬼力推凶演祥

国事分类命龟①辞，告龟所卜令龟事②。

一曰征伐二曰象，三曰赐予四谋长。

五曰果败六曰至，七曰雨旱八廖羌。

三兆③三易④三占梦⑤，互依相辅演凶祥。

休⑥即坟香祭四方，咎⑦则施政救亡羊。

甲子⑧春秋多少事，神龟襄⑨佑国运长。

【注释】

①《周礼·春官·大卜》载："大祭祀则眡高命龟。"郑玄注："命龟，告龟以所卜之事。"

②令龟事：指进行龟卜。

③古代灼龟甲以卜吉凶，龟甲裂纹似玉、似瓦、似原田者，称为"三兆"。《周礼·春官·太卜》载："（太卜）掌三兆之法，一曰玉兆，二曰瓦兆，三曰原兆。其经兆之体，皆百有二十。其颂皆千有二百。"郑玄引用杜子春的话："玉兆，帝颛顼之兆；瓦兆，帝尧之兆；原兆，有周之兆。"

④夏代的《连山》、商代的《归藏》、周代的《周易》，并称为"三易"。

⑤相传，古代有致梦、觭梦、咸陟三种占梦之法。

⑥休：这里指吉庆，美善，福禄。

⑦咎：灾祸。

⑧中国传统纪年干支历的干支纪年中，一个循环的第一年称"甲子年"。

⑨襄：帮助，辅佐。

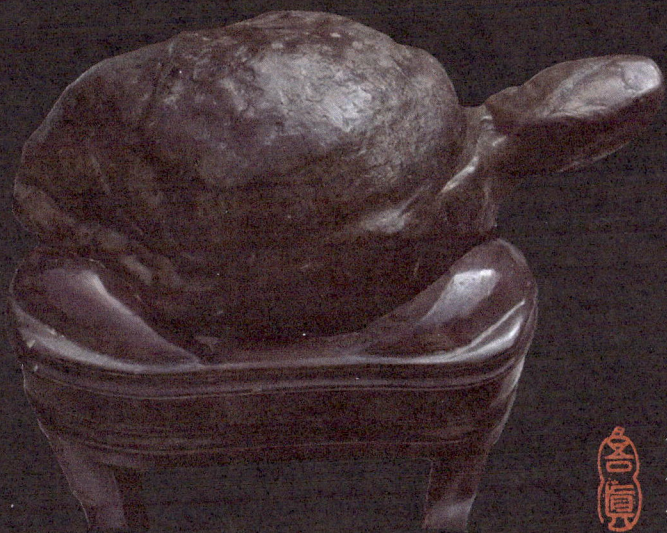

名称：八命化运龟
石种：天然原石
规格：87 cm×149 cm×32 cm

在商朝，龟卜是当时主要的占卜方式。神职人员凭借沟通天人的特殊身份，运用占卜和祭祀来揣度天意、趋利避害。周朝时占卜活动依然盛行。

In the Shang Dynasty, turtle divination became a main form of divination at that time. By virtue of the special identity of communication with heave, priests used divination and sacrifice, trying to figure out the will of heaven, draw on advantages and avoid disadvantages. In the Zhou Dynasty, divination remained popular.

八命化运龟

渊深博识龟

——鸿儒硕学灵龟五总

海屋添筹①寿千年，

腹载五车②晓皇天。

亘古兴衰多少事，

智周万物③五聚番④。

阴阳数术刑法典，

五总灵龟载圣传。

【注释】

①海屋添筹：旧时用于祝人长寿。海屋，寓言中堆存记录沧桑变化筹码的房间。筹，筹码。〔北宋〕苏轼《东坡志林》卷二《三老语》："海水变桑田时，吾辄下一筹，尔来吾筹已满十间屋。"

②腹载五车：比喻读书甚多，知识渊博。《庄子·天下》："惠施多方，其书五车。"

③智周万物：天下万物无所不知，形容知识渊博。《易传·系辞传上》："知周乎万物而，道济天下。"

④五聚番：千年之龟，每二百年将自己的所见所闻总聚一次，共五次，因此对这千年之中的事无所不知，无所不晓。番，遍数、次、回。

名称：渊深博识龟
石种：天然原石
规格：112.5 cm × 7 cm × 8 cm

　　传说，在蓬莱仙岛上有三位仙人比谁更长寿。其中一位仙人说，每当他看到人间的沧海变为桑田，就在瓶子里添一根树枝，现在堆放筹码（树枝）的屋子已经有十间了，这就是"海屋添筹"的典故。现故宫博物院中有"海屋添筹"的壁画。

According to legend, on the Penglai Island, there are three immortals, who were comparing who lived longer. One of them said, whenever he saw the sea changed into mulberry fields, he would add a tree branch in a bottle, and there had been ten rooms stacked with chips. This is the story about adding chips in sea house. In the Palace Museum, there is a mural describing the story about adding chips in sea house.

渊深博识龟

闲逸博才龟

——羡龟取名青箬垂纶

烟波钓徒①张龟龄，
寿年十六举明经②。
工③词擅画抚④横笛，
《渔歌子》⑤传天下名。

【注释】

①烟波钓徒：唐代张志和、清代查慎行都曾以此自号。这里指隐居江湖者。

②明经：汉代出现的选举官员的科目，始于汉武帝时期，至宋神宗时期废除。

③工：善于，长于。

④抚：轻轻地按着。

⑤《渔歌子》：原为唐代教坊曲名，后来人们根据它填词，又成为词牌名。〔唐〕张志和《渔歌子》："西塞山前白鹭飞，桃花流水鳜鱼肥。青箬笠，绿蓑衣，斜风细雨不须归。"

名称：闲逸博才龟
石种：天然原石
规格：4 cm×3 cm×4.5 cm

　　张志和，初名龟龄，三岁读书，六岁能做文章，十六岁明经及第，先后任翰林待诏等职。后有感于宦海风波和人生无常，在母亲和妻子相继故去的情况下，弃官离家、浪迹江湖，以渔樵声乐为乐。

Zhang Zhihe, originally named Guiling (this name means the age of turtle, that is longevity), was able to read books at the age of three, write articles at the age of six, and pass the examination of Confucian classics at the age of 16. He successively took office of Daizhao in Imperial Academy and other posts. Later, after experiencing fluctuations of official circles and uncertainty of life, especially the death of his mother and wife, he abandoned his post and family for drifting in the world, enjoying a life of leisure.

闲逸博才龟

出尘寿相龟

——颐性养寿神龟戏兰

二丛幽兰①映青山，

四只墨龟②嬉戏玩。

悠然闲适③咫尺④上，

逍遥⑤尘外疑似仙。

【注释】

①幽兰：指兰花。在我国，人们常把兰花看作高洁典雅的象征，并将其与梅、竹、菊并列，合称"四君子"。

②墨龟：又名乌龟、中华草龟、长寿龟等，尤指性成熟后全身乌黑的公草龟。

③闲适：清闲安适。

④咫尺：指距离很近。徐干《答刘桢诗》："虽路在咫尺，难涉如九关。"

⑤逍遥：优游自得；优哉游哉。《庄子·逍遥游》："彷徨乎无为其侧，逍遥乎寝卧其下。"

名称：出尘寿相龟
石种：天然奇石
规格：21.5 cm × 6 cm × 12 cm

本诗取材于张恳的画作《寿者相》。张恳，常州市著名画家，师从著名画师胡汀鹭，受教于当代艺术大师林风眠及著名国画家潘天寿、李苦禅，善写翎毛花卉，作品题材广泛，富有时代气息，笔墨雄健，以功力见胜。

This poem is based on the *Life Span* by Zhang Ken, who was a famous painter in Changzhou, with the famous painter Hu Tinglu as his teacher, and also learning from the contemporary art master Lin Fengmian, as well as famous Chinese painters Pan Tianshou and Li Kuchan. He was good at drawing birds and flowers, with works covering a wide range of subjects, full of the spirits of the times, featured by powerful inks and skillful techniques.

出尘寿相龟

清修问禅龟

——《禅家龟鉴》西山抗倭

朝鲜有高僧，完山休静^①称。

壬辰倭乱^②政，亲率僧兵迎。

坐禅借龟喻，五叶一花^③承。

应知所不知，三教本一统^④。

当守所应守，《禅家龟鉴》^⑤名。

【注释】

①完山休静：朝鲜王朝宣祖年间名僧，又称"西山大师"。他自幼父母俱丧，十三岁就学，从灵观受法。壬辰倭乱时，受宣祖委托发动义僧军，任八道16宗都总摄，以73岁高龄向全国僧侣发表檄文，统帅1.5万名僧兵，同日本侵略军进行英勇战斗。因功勋卓著，还妙香山旧栖后，朝鲜宣祖赐号"国一都大禅师禅教都总摄扶宗树教普济登阶尊者"。

②壬辰倭乱：又称"万历朝鲜战争"，由日本丰臣秀吉政府1592年派兵入侵朝鲜引起。当时，中国是朝鲜的宗主国。朝鲜向中国求援，明神宗应宣祖请求派军救援。史书记载，大明朝"几举海内之全力"，前后共计消耗白银近800万两，出兵数十万，最终异常艰苦地赢得了这场战争的胜利。

③五叶：佛教禅宗发展演变的五个流派——沩仰、临济、曹洞、法眼、云门。一花：佛教传入我国后，禅宗以达摩为祖，称"一花"。

④三教：一般指我国三大传统宗教——儒教、道教、佛教（释教）。宋明时期，儒教、道教、佛教三家思想相互影响，融会贯通。《性命圭旨》中曰："儒曰存心养性，道曰修心炼性，释曰明心见性，心性者本体也。"

⑤《禅家龟鉴》：朝鲜僧人休静的遗作。书中载明参禅要旨，并附略解，是朝鲜宣祖时期习禅者不可缺少的入门书。

名称：清修问禅龟
石种：天然原石
规格：41 cm×12 cm×14 cm

　　休静是李氏朝鲜王朝最著名的僧人，由于在抗击日本侵略军入侵的战争中表现非凡、功勋卓著，而成为后世称颂的民族英雄。

　　休静因久居香山，因此也被称为"西山大师"。他早年的著作有撮古人词句汇集而成的《禅家龟鉴》。

Xiujing was the most famous monk in North Korea ruled by lee's Family, praised as a national hero by later generations for his outstanding performance and great contributions in the war against Japan.

Xiujing mostly lived at Xiangshan, therefore also called Master Xishan. His earlier works include *the Mirror of Zen* compiled from collection of ancient poems.

清修问禅龟

绝俗潜翼龟

——龟蒙隐逸耒耜籍田

晚唐龟蒙①隐松江，
皮陆蜚声②玉成双。
针砭时弊③伤④民事，
含霜履雪⑤卧龟床。

【注释】

①龟蒙：陆龟蒙，字鲁望，长洲（今苏州）人，唐代文学家、农学家、藏书家。相传，陆龟蒙年轻时豪放，通"六经"大义，尤精《春秋》。举进士不第后，随湖州刺史张博一起游历，后隐居松江甫里，人称"甫里先生"。他与皮日休为友，世称"皮陆"，诗以写景咏物为多，是唐朝隐逸诗人的代表。

陆龟蒙的成就不仅体现在文学上，农学上同样造诣匪浅，他撰写的《耒耜经》是一部描写中国唐朝末期江南地区农具的专著。

②蜚（fēi）声：扬名、驰名。〔明〕李贽《过桃园谒三义祠》："桃园桃园独蜚声，千载谁是真弟兄。"

③针砭：针者，以针刺也；砭者，以石刮也。时弊：现实社会中的不正之风、恶劣习气等。

④伤：哀伤，叹惜。

⑤含霜履雪：比喻品行高洁。〔东晋〕葛洪《抱朴子·汉过》："含霜履雪，义不苟合，据道推方，巍然不群。"

名称：绝俗潜翼龟
石种：天然原石
规格：35 cm×13×16 cm

　　陆龟蒙是唐朝的农学家、文学家，曾任湖州、苏州刺史幕僚，后隐居松江甫里。他的小品文现实针对性强，议论也颇精切。

　　皮日休为晚唐著名诗人、散文家，与陆龟蒙并称"皮陆"，有唱和集《松陵集》。他的诗文多为抨击时弊、同情人民疾苦之作。

Lu Guimeng, an agronomist and litterateur of the Tang Dynasty, ever served as Assistant to Huzhou Governor and Suzhou Governor, and later lived at Songjiang Fuli in seclusion. His essays are highly targeted at reality, with quite acute statements.

Pi Rixiu, a famous poet and proser of the late Tang Dynasty, jointly called "Pi Lu" with Lu Guimeng, authored *the Song Ling Ji*. His works mainly aimed to attack current malpractice, and express sympathy to people's sufferings.

137

绝俗潜翼龟

辅麟佐帝龟

——龟凤相鲁桃李三千

鲁国有龟凤[①]，
栖梧[②]引颈鸣。
贤学七十二，
桃李沐春风。
事[③]鲁摄[④]相事，
迫齐还三城。
龟山背沃壤，
潮田写龟名[⑤]。

【注释】

①龟凤：龟和凤，比喻贤人。《后汉书·列传·蔡邕列传下》载："龟凤山翳，雾露不除，踊跃草莱，只见其愚。"李贤注："龟凤喻贤人，雾露喻昏暗也。"

②栖梧：凤凰栖息于梧桐树上，多用以指贤者择明主而从或明君礼贤下士。《诗经·大雅·卷阿》"凤皇鸣矣，于彼高冈；梧桐生矣，于彼朝阳。"郑玄笺："喻贤者待礼乃行，翔而后集……凤皇之性，非梧桐不栖，非竹实不食。"孔颖达疏："诸书传之论凤事，皆云食竹栖梧。"

③事：职业。

④摄：代理，兼理。

⑤龟名：这里指龟阴田——山东龟山北面的土地。鲁定公十年（前500），鲁国在孔子帮助下，迫使齐景公归还了以前侵夺的鲁国三邑。《左传·定公·定公十年》载："齐人来归郓、欢、龟阴田。"

名称：辅麟佐帝龟
石种：天然原石
规格：26 cm × 13 cm × 9 cm

《论语》是儒家学派的经典著作之一，是孔子及其弟子的语录结集，由孔子弟子及再传弟子编写而成。全书共20篇492章，以语录体为主，叙事体为辅，主要记录孔子及其弟子的言行，较为集中地体现了孔子的政治主张、伦理思想、道德观念及教育原则等。

孔子在鲁国担任大司寇期间，摄行丞相事。在他的努力下，鲁国实力大增，社会秩序非常好。同时，孔子还通过外交手段，迫使齐国将在战争中侵略鲁国的大片领地龟阴田还给了鲁国。

The Analects of *Confucius* is one of the classics of Confucian school, a collection of sayings from Confucius and his disciples, compiled by disciples of Confucius and their disciples. The entire book, with a total of 492 chapters in 20 sections, mainly in the form of quotations, supported by narrations, primarily records the words and deeds of Confucius and his disciples, representing a centralized reflection of Confucius' political views, ethical thoughts, moral ideas, educational principles, etc.

During the period when Confucius served as Grand Secretary of Justice in the State of Lu, through his effort, the state power increased significantly, and social order was very good; meanwhile, Confucius also, by diplomatic means, forced the State of Qi to return the vast land in the north of Turtle Mountain occupied during the war back to the State of Lu.

辅麟佐帝龟

托思铭文龟

——霸下驮碑显俊借魂

⊥^①形石碑丛林立，

墓旁庙宇互相依。

演绎身前功过事，

墓文庙志^②供赡礼。

北魏铭^③碑志石奇，

龟形碑体载文字。

甲盖阴刻^④锋颖秀，

志义正书雅逸透。

志盖神合成龟形，

镌^⑤制异诡^⑥绝前后。

【注释】

①⊥（shàng）：古同"上"。

②志：记载；记载的文字、文章。

③铭：铸、刻或写在器物上，用来警戒自己、称述功德的文字。

④阴刻：将图案或文字刻成凹形。

⑤镌：用凹线、凹面或点雕刻。

⑥诡（guǐ）：怪异，出乎寻常。

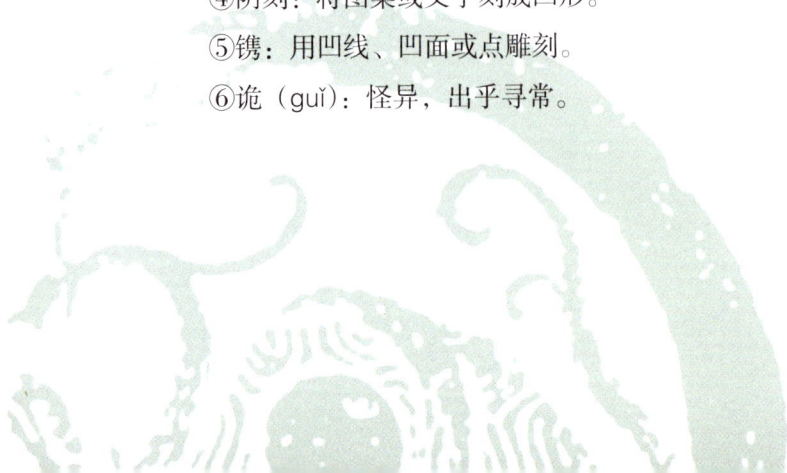

名称：托思铭文龟
石种：天然原石
规格：12.5 cm×6 cm×5.5 cm

　　元显俊是北魏城阳怀王元鸾的季子，从小天资聪慧、神仪卓尔，却不幸于延昌二年夭折，时年十五。其龟形墓志雕刻精致逼真，被视为历史上神道碑和龟崇拜相结合的一个典型代表。

Yuan Xianjun, the youngest son of Yuan Luan, King Huai of Chengyang during the Northern Wei Dynasty, was talented from childhood, but unfortunately died in the second year of Yanchang, aged 15. His turtle-shaped epigraph was carved vividly and exquisitely, considered a typical representative of combining tombstone and turtle worship in history.

般若藏神龟

——汉室藏宝神龟通天

长于黄土生于渊，
寿蔽天地安静娴[1]。
明于阴阳善巧智，
审于刑德辨忠奸。
先知利害晓大义，
察于祸福诚为先。
开言而当[2]承重担，
临战而胜冲锋前。
王若得之临天下，
诸侯伏首面朝南。
庙堂画梁[3]筑龟室[4]，
藏龟为神镇国安。

【注释】

①娴：文雅、娴丽。

②当（dāng）：充任，担任。

③画梁：有彩绘装饰的屋梁。

④龟室：此处指藏龟的竹器。

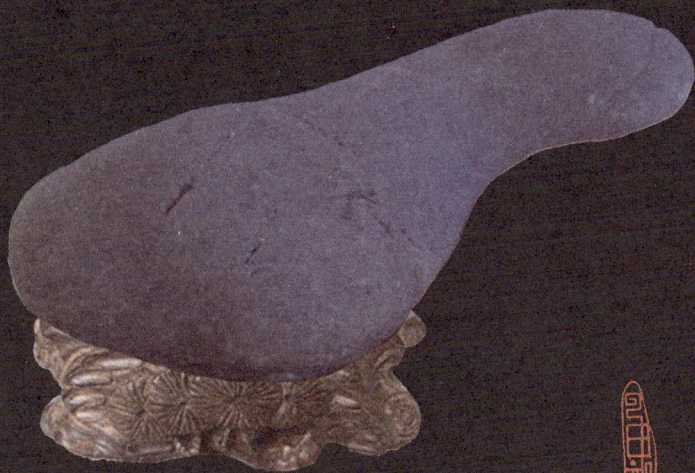

称：般若藏神龟
种：天然原石
格：34 cm×19 cm×16 cm

关于汉代朝廷对龟的信仰崇拜，《史记·龟策列传》中载："有一名龟者，天下之宝也，生于深渊，长于黄土，寿命与天地同齐。能够明察阴阳，预知吉凶祸福，言无不当。虽代天言事，却刚正不阿，明察秋毫，处事不偏不倚。王能宝之，则诸侯尽服。"

About turtle worship of the Han Dynasty, *Historical Records - Turtle Divination Profile* wrote, "There is a turtle, known as treasure of the world, born in the deep, and growing on the yellow land, with equal longevity as heaven and earth. It can predict good and bad luck, and act in a fair manner. Although speaking on behalf of the heaven, it keeps upright, perceptive of the slightest, and impartial when dealing with affairs. If the emperor can have the turtle, all others will obey."

般若藏神龟

仙峤擎天龟

——负重致远巨鳌戴山

渤海之东归塘地，

五座仙山①遥相倚②。

珠玕③宝树丛生所，

琼楼玉宇④圣仙居。

巨鳌⑤一五三番迭⑥，

擎山探海万年奇。

【注释】

①五座仙山：古代神话传说中，在离"归墟"不远的海面上漂浮着五座山，分别叫岱舆、员峤、方壶、瀛洲和蓬莱。五座仙山山势巍峨挺拔，山上有许多美丽的亭台楼阁，是众神居住和娱乐的场所。

②倚：立。

③玕（gān）：琅玕，像珠子一样的美石。

④琼楼玉宇：富丽堂皇的建筑物。琼，美玉。宇，房屋。〔东晋〕王嘉《拾遗记》："翟乾祐于江岸玩月，或问：'此中何有？'翟笑曰：'可随我观之。'俄见琼楼玉宇烂然。"

⑤巨鳌：这里指受命支撑五座仙山的巨龟。

⑥迭：轮流；更迭。

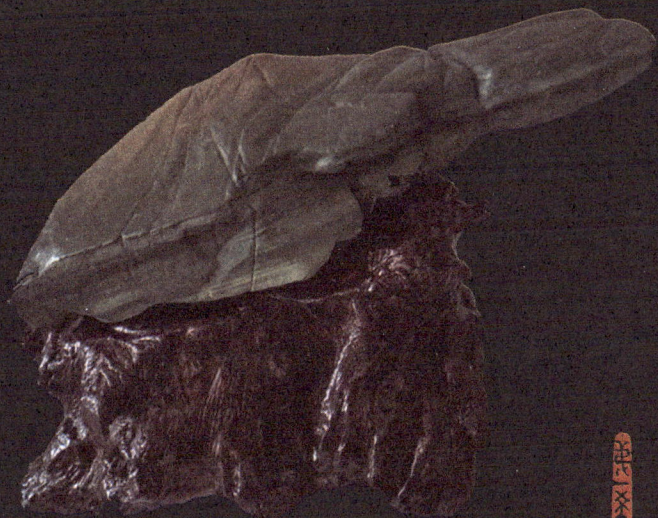

名称：仙峪擎天龟
石种：天然原石
规格：36 cm × 14.5 cm × 9 cm

《列子·汤问》在记述渤海之东的岱舆、员峤、方壶、瀛洲、蓬莱五座神山时说，因为这五座山的底部无所相连，所以常常随波上下浮动，于是掌管仙山的神仙就向天帝禀告了此事。天帝担心仙山向西飘走，群仙失去了居所，就让神仙禺疆驱使十五只巨鳌，分为三组，轮流昂首负载神山，六万年一交换。由于有了巨鳌的支撑，五座神山终于在波浪中耸立不动了。这里的巨鳌就是巨龟。

Lie Zi-Tang Wen, when giving an account of five supernatural mountains in the east of Bohai Sea, including Daiyu, Yuanqiao, Fanghu, Yingzhou and Penglai, said that, as bottoms of these five mountains were unconnected, they often floated up and down with waves, so the immortal in charge of mountains reported the situation to the god of heaven. Concerned that mountains would drift west away, and immortals would loss their residence, the god of heaven asked the immortal Yujiang to drive fifteen huge sharks divided into three groups to carry mountains in rotation every 60,000 years. With the support from huge sharks, five mountains finally stood motionless in waves. The huge sharks here refer exactly to giant turtles.

仙峪擎天龟

五行健体龟

——神龙马壮龟龄泽长

嘉靖方士献奇方，

补肾填精理阴阳。

人参鹿茸麻雀脑，

首冬生地银鼎藏。

三十二味奇珍草，

计炼修合①碳土上。

九九归一炮制法，

扶正祛邪②健体强。

灵龟千年巢莲息，

龟龄集③传泽后长。

【注释】

①计炼修合：指在配制药材时，不仅要严格选择上等成色者，还要逐味进行不同的炮制。

②扶正，就是使用药物或其他方法，增加体质，提高抗病能力，从而达到战胜疾病、恢复健康的目的。适用于治疗气虚为主的疾病，是《内经》"虚则补之"的运用。

祛邪，就是祛除体内邪气，从而达到恢复健康的目的。适用于治疗邪气为主的疾病，是《内经》"实则泻之"的运用。

③龟龄集：古代宫廷养生方剂，始于明代嘉靖皇帝。"龟龄集"之名取灵龟长生不老之意。

名称: 五行健体龟
石种: 天然原石
规格: 21 cm × 11 cm × 12.5 cm

　　龟龄集的组方依据传统医学"天人合一""阴阳五行"的整体观念, 采用天然动植物, 集东西南北中各种名贵药材于一体, 配方独特, 经81道工序精心炮制, 具有平衡阴阳、扶正祛邪的作用。

　　The composition of Guilingji (Chinese patent medicine), based on the overall concept of "Nature and Man in One" and "Yin-Yang & Five Elements" in traditional medicine, used natural animals and plants, and integrated all kinds of precious herbs from all directions, with a unique formula, made elaborately through 81 steps, having the function of balancing Yin-Yang and strengthening the body.

五行健体龟

神授皇权龟

——撮土焚香六龟参政

周朝崇龟至峰巅，

逆袭破例设龟官。

承办龟事掌六属，

龟人权倾御阶前。

六官①统理万民事，

帝王言行龟属担。

皇权圣威秉②天运，

敬天法祖③借龟传。

【注释】

①六官：指《周礼》所述的天官冢宰、地官司徒、春官宗伯、夏官司马、秋官司寇、冬官司空。

②秉：掌握、主持。

③敬天法祖：指敬拜天地和祭扫祖先。"天"指"天道"，即自然规律；"祖"指宗庙里的祖先神；"敬"是态度；"法"是学习。"敬天法祖"是儒家核心信仰之一，即要用敬畏严谨的态度去学习和应用自然规律。《明史》卷四八载："敬天法祖，无二道也。朱熹曰：'万物本乎天，人本乎祖，故以所出之祖配天地。'配天以祖亦所以尊祖也。"

名称：神授皇权龟
石种：天然原石
规格：39 cm×19 cm×11 cm

与商朝比较，周朝对龟的迷信崇拜不仅因循承袭，而且有过之而无不及。周朝在宫廷内直接设立龟官，即"龟人"，专办龟事。他是龟在朝廷中的代言人和代理人，掌六龟之属，能为天子的举止和言行提供参考。

Turtle worship of the Zhou Dynasty not only inherited but far exceeded that of the Shang Dynasty. The Zhou Dynasty directly set a turtle official within the imperial court, specifically responsible for turtle affairs, called "Turtle Person". He was the spokesman and agent of turtle in the imperial court. Turtle Person governed six turtle species, and could provide reference for the emperor's words and deeds.

神授皇权龟

昆仑寿仙龟

——乔松之寿①金阙②藏龟

日月之上昆陵地，

山仞③九层去④万里。

五层阆苑⑤神仙所，

有龟万年生四翼。

善言人语绘音声，

玉树寝息琼⑥枝倚。

【注释】

①乔松之寿：指像仙人一样长寿。"乔""松"分别指古代传说中的仙人王乔和赤松子。《汉书·王吉传》载："大王诚留意如此，则心有尧舜之志，体有乔松之寿。"

②金阙：道家谓天上有"黄金阙"，为仙人或天帝所居。《神异经·西北荒经》载："西北荒中有两金阙，高百丈。"

③仞：古代计量单位。一仞为周尺的八尺或七尺。一周尺约合23厘米。

④去：距离。

⑤阆苑（làng yuàn）：传说中神仙居住的地方。

⑥琼：美好的。

名称: 昆仑寿仙龟
石种: 天然原石
规格: 26 cm × 16 cm × 8 cm

　　传说在昆仑山有一个叫作昆凌的地方，在日月之上；山有九层，每层都相距万里之遥。在第五层的琼枝之上栖息着一只年逾万岁的神龟，它长着两双翅膀，变化莫测，还能口吐人言。人们把它视为吉祥和福气的象征。

According to legend, at Kunlun Mountain, there was a place named Kunling, higher than sun and moon; the mountain had nine layers, each of which was a thousand miles away. On the fifth layer, there was a supernatural turtle, perching on tree branches, with four wings, aged more than 10,000, changing unpredictably, and also able to speak human language. People regarded it as a symbol of good luck and blessing.

昆仑寿仙龟

骨峻歼击龟

——涿鹿大战天鼋献策

战神蚩尤①违圣德，屡犯神农②逞凶恶。

轩辕黄帝秉大义，决战涿鹿③动山河。

蚩邀风师雨伯助④，帝败迷雾终不克⑤。

指南造车标天鼋⑥，神龟云宫献良策⑦。

华夏江山得一统⑧，文明史开万年泽。

【注释】

①蚩尤：上古时期九黎氏族部落联盟的首领，骁勇善战。

②神农：中国上古时期姜姓部落的首领，号神农氏。传说，姜姓部落的首领由于懂得用火而得到王位，所以称为炎帝。炎帝部落后来和黄帝部落结盟，共同击败了蚩尤。

③距今约5000年前，黄帝部落联合炎帝部落，跟来自南方的蚩尤部落在今河北省张家口市涿鹿县一带进行了一场大战。涿鹿之战对于古代华夏族由野蛮时代向文明时代转变产生了重大的影响。

④《山海经·海经·大荒北经》载："蚩尤作兵伐黄帝。黄帝乃令应龙攻之冀州之野。应龙蓄水，蚩尤请风伯、雨师、纵大风雨。黄帝乃下天女曰魃，雨止，遂杀蚩尤。"

⑤克：这里指克复——战胜敌人并收回失地。

⑥《太平御览·天部》卷一五载："《志林》曰：黄帝与蚩尤战于涿鹿之野，蚩尤作大雾，弥三日，军人皆惑。黄帝乃令风后法斗机，作指南车以别四方。"再战时，黄帝听从了军师风后之计："将天鼋军旗之天鼋头对天山指南北，尾向东南，四足定四方。"《楚辞·河伯》注云："鼋，大龟也。"

⑦《渊鉴类函》卷四四〇引《黄帝出军诀》曰："帝伐蚩尤……力牧与黄帝俱到盛水之侧……有玄龟衔符从水中出，置坛中而去……于是黄帝佩之以征，即日禽蚩尤。"

⑧黄帝打败蚩尤后，诸侯都尊奉他为天子，这就是轩辕（黄帝的名字）黄帝。轩辕黄帝带领百姓开垦农田，定居中原，奠定了华夏民族的根基。

名称：骨峻歼击龟
石种：天然原石
规格：41 cm × 19 cm × 14 cm

　　相传，当年蚩尤占据中原后，四处征讨部落，战乱不断，民不聊生。黄帝为拯救万民，为子孙后代创造一个良好的生存环境，率众与蚩尤大战，九战却九败。后来黄帝受龟甲上记载的军机决策作战阵图的启发，重整军威，调配阵容，在涿鹿发动第十次攻势，一举战胜了蚩尤。

According to legend, in those years, Chiyou occupied the central plains, and attacked tribes all around, causing people to live in misery. To save people and create a good survival environment for later generations, Yellow Emperor led forces to fight a battle with Chiyou, but failed in all nine rounds. Later, inspired from military decisions and strategies recorded on turtle shells, Yellow Emperor re-arranged his forces, and initiated the tenth round at Zhuolu, and eventually defeated Chiyou.

153

骨峻歼击龟

玄元①毓秀龟

——银屏②龟台王母望尊

阆苑仙阙钟灵③地，
昆仑瑶池王母居。
龟山金母称别号，
龟台④琼楼⑤十二宇。
鸾姿凤态叠绣翠，
吸风饮露莲龟比。

【注释】

①玄元：指天地未分时的混沌一体之气，也泛指天宇、天空。《淮南子·本经训》载："当此之时，玄元至砀而运照。"

②银屏：镶银的屏风。

③钟灵：灵秀之气汇聚。

④龟台：传说中仙人的居处。〔唐〕罗隐《雪中怀友人》："兔苑旧游尽，龟台仙路长。"

⑤琼楼：这里指仙宫中的楼台。

名称：玄元毓秀龟
石种：天然原石
规格：2.9 cm×1.6 cm×1.5 cm

　　王母娘娘，又称九灵太妙龟山金母，是古代中国神话传说中的长生女神。在道教神话中，西王母居住在西方的昆仑山，是女仙的首领。瑶池是西王母居住的地方，有琼楼玉宇12座，称作龟台。

Heavenly Queen Mother, also called Nine - Soul Supreme Perfect (Jiuling Taimiao) Turtle Mountain Golden Mother, was a goddess of immortality in ancient Chinese fairy tales. In Taoist mythology, Queen Mother of the West lived at Kunlun Mountain in the west, recognized as the leader of female immortals. Fairyland (Yao Chi) was the place where Queen Mother of the West lived, formed by 12 buildings, also called Turtle Station.

玄元毓秀龟

通玄问天龟

——推吉测凶凿龟数策[1]

周设六属[2]掌六龟[3]，

天玄地黄灵绛贵。

钦命太卜问龟事，

东青西白属果雷。

春灼后左夏灼前，

北黑南木掌北南。

秋灼前右冬灼后，

天子言行传龟传。

【注释】

①凿龟数策：指古人用龟甲和蓍草来卜筮吉凶。"凿龟"指钻灼龟甲，根据灼开的裂纹推测吉凶；"数策"指数蓍草的茎，从分组计数中判断吉凶。

②六属：指"六龟之属"，天龟之类的叫灵属、地龟之类的叫绛属、东龟之类的叫果属、西龟之类的叫雷属、南龟之类的叫猎属、北龟之类的叫若属。

③六龟：指六类龟，即（行走低头的）天龟、（行走仰头的）地龟、（前甲稍长的）东龟、（龟甲左侧稍斜的）西龟、（后甲稍长的）南龟、（龟甲右侧稍斜的）北龟。

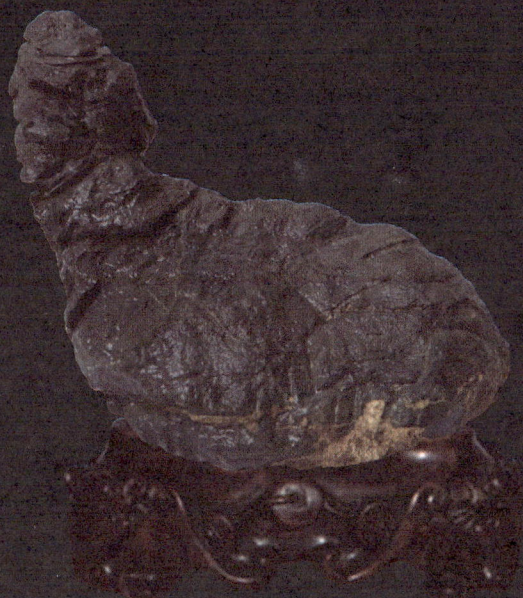

名称：通玄问天龟
石种：天然原石
规格：22cm×13cm×9cm

古人认为灼龟甲时出现的裂纹含有特定的神秘意义，遂将所卜之事的吉凶断语刻在甲骨上，即"卜辞"。卜法于殷商时期已盛行。

Ancient people believed that, when turtle shells cracked in burning, it contained a certain mystical meaning, so they engraved the statements about good or bad luck on turtle shells, i.e. "divination inscriptions". The divination method had been very popular in the Shang Dynasty.

通玄问天龟

奇经纳卦龟

——灵龟负书法炙神针

灵龟玄武顺阴阳，
五行①生克②运偏长③。
气血流注通八脉④，
日时互倚九宫⑤房。

【注释】

①五行：金、木、水、火、土五种物质运动方式。我国古代思想家用五行理论来说明世界万物的形成及其相互关系。中医用五行学说来解释生理病理上的种种现象。

②生克：五行之间的相生相克，即木生火，火生土，土生金，金生水，水生木；木克土，土克水，水克火，火克金，金克木。〔明〕王世贞《读〈白虎通〉》："于五行之生克次第，悉取人事以配之。"

③长（zhǎng）：生长，成长。

④八脉：奇经八脉（即督脉、任脉、冲脉、带脉、阳维脉、阴维脉、阴跷脉、阳跷脉）的简称。

⑤九宫：古代，我国天文学家将天宫以"井"字划分为乾宫、坎宫、艮宫、震宫、中宫、巽宫、离宫、坤宫、兑宫九个等份，在夜晚从地上观看天的七曜与星宿移动，以辨识方向及季节等。〔东汉〕徐岳《术数记遗》载："九宫算，五行参数，犹如循环。"〔北周〕甄鸾注曰："九宫者，即二四为肩，六八为足，左三右七，戴九履一，五居中央。"

名称：奇经纳卦龟
石种：天然原石
规格：21cm×8cm×11cm

　　灵龟八法是古典的按时取穴法之一，指根据九宫八卦学说，结合人体奇经八脉气血的会合，取与人体奇经八脉相通的八个经穴的按时取穴法。

　　灵龟，是古人所称九龟中的一种。古人认为，将其龟壳烧制后，根据裂纹表现可以推算事物的因果关系。

Eight Methods of Intelligent Turtle, one of classical timely acupoint selection methods, represent a way of selecting eight acupoints connected with eight extra-meridians, combined with the meeting of Qi and blood, based on the theory of eight diagrams and nine palaces.

Intelligent turtle was one of nine turtles called by ancient people, who believed that, by burning turtle shells, the causal relationship of things could be deduced according to cracks thereof.

奇经纳卦龟

参考文献

[1] 赵国鼎. 炎黄二帝考略[M]. 郑州:河南人民出版社,1991.

[2] 王子初,王芸. 文物与音乐[M]. 北京:东方出版社,2000.

[3] 刘兆元. 中国龟文化[M]. 上海:上海文艺出版社,1992.

[4] 顾博贤. 龟文化大典[M]. 北京:中国文联出版社,2006.

[5] 王晓易. 世界第一艘潜艇:像鸡蛋的海龟号[EB/OL]. (2009-04-07)[2018-08-16]. http://news.163.com/09/0407/13/56A629GM000136CK.html.

[6] 温玉春. 黄帝氏族起于山东考[J]. 山东大学学报(哲学社会科学版),1997(1):64-69.

[7] 韩玉保. 华严湖钓得"千年巨龟"[J]. 中国钓鱼,2004(7):58.

[8] 刘玉建. 中国古代龟卜文化[M]. 桂林:广西师范大学出版社,1992.

[9] 张闻玉. 曾侯乙墓天文图象研究[J]. 贵州文史丛刊,1989(2):92-100.

[10] 张居中. 淮河上游八千年前的辉煌[N]. 光明日报,2000-04-28.

[11] 张远山. 伏羲之道[M]. 长沙:岳麓书社,2015.

[12] 傅道津. 天鼋黄帝下美洲[M]. 北京:团结出版社,2012.

[13] 谢忠明. 龟鳖养殖技术[M]. 北京:中国农业出版社,1999.

[14] 王学涛. 山西沁县发现一座罕见金代"龟形"墓[EB/OL]. (2015-10-04)[2019-05-31]. http://society.people.com.cn/n/2015/1004/c136657-27661985.html.

[15] 张目. 中国首次发现绘有乌龟图案的半山文化彩陶壶[EB/OL]. (2005-02-09)[2019-05-31]. https://tech.sina.com.cn/d/2005-02-09/1444526592.shtml.

[16] 马义,丁铭. 辽河行:牛河梁遗址回忆女娲传说之地[EB/OL]. (2004-10-19)[2019-06-03]. http://news.163.com/41019/0/1325RQS000011247.html.

[17] 吴庆洲. 龟文化与中国传统建筑[C]//中国建筑学会建筑史学分会. 建筑历史与理论(2008年学术研讨会论文选辑):第九辑. 北京:中国科学技术出版社,2008:95-122.

附　录

龟文化在华夏文明中的体现

　　著名学者史树青先生曾有题诗曰："五帝三皇此占先，天鼋族氏即轩辕。岗名裴李开新史，裔衍中华七千年。"这首诗充分说明中华民族的龟文化源远流长。

一、龟文化与政治

　　在中国文字产生的早期阶段，汉字都是单独使用的，有些单字更是具有与包含单字的复字不同的含义。这种情况也反映在"龟"最早在中国文化中的地位及随后的变迁。就物种而言，如今的龟与古代的龟在外形上没有多大差别，但就其命运、生存价值及社会地位而言，却迥然不同。

　　"龟"最早的形象是一种神秘的动物，具有通天彻地的本事。古时，人们出于对"龟"的崇拜，以"龟"为名并不少见。由于"龟"在甲骨文中扮演了重要的角色，所以它又成为传播知识、文化的一种载体。但是当"龟"字慢慢与"乌"字结合使用后，便冲淡了"龟"原先具有的文化含义，使"龟"的地位由尊贵转为平凡，原先人们赋予"龟"的所有美好的内涵，随着这种结合几乎完全消失了，在现代人的心中，乌龟仅仅是指一种普通的爬行动物，其生存的价值，除了向人类提供美味及观赏价值、药用价值以外，一些带"龟"字的词语还带了一丝贬义……

　　而在先民的心目中，认为龟背甲为圆形且高高隆起，恰好像天；腹甲平平坦坦，恰好像地；背上花纹纵横交错，又颇像天空中的繁星。在有关女娲补天的神话中，女娲最后是用巨龟的四足来代替已被摧毁的"四维"的。既然巨龟之足可以作为天柱，那么龟背就是天，而龟腹就是地了。《太平御览》引《洛书》曰："灵龟者，玄文五色，神灵之精也。上隆法天，下平法地。能见存亡，明于吉凶。"古人以龟卜测算吉凶、知晓天意。龟不但充当了神与帝王之间联系的使者，还被赋予了神圣的皇权与神权，成为凌驾于圣王、天子的宝物，这和先民对龟的原始动物崇拜是分不开的。南北朝时期北朝民歌《敕勒歌》中亦唱道："敕勒川，阴山下。天似穹庐，笼盖四野。天苍苍，野茫茫。风吹草低见牛羊。"古人认为"天"之形状犹如大锅盖，和龟的背甲很相似，也许这就是古代龟受到崇拜的原因之一。从这种意义上说，我们称龟为"神圣的龟"并非言过其实。

二、龟文化与经济

古代，由龟崇拜积淀而成的龟文化也渗透到经济领域。先民不仅将龟壳作为货币赋予其价值，更将龟供为"财神"，视作财富的化身。

1. 在古代，人们将龟视为财富的象征

《史记·龟策列传》载："能得名龟者，财物归之，家必大富至千万。一曰北斗龟，二曰南辰龟，三曰五星龟，四曰八凤龟，五曰二十八宿龟，六曰日月龟，七曰九州龟，八曰玉龟。"这说明龟能聚财，使人富裕。

2. 龟曾被用作货币

龟币，指古代以龟壳所作的货币。《史记·平准书》载："虞夏之币，金为三品，或黄，或白，或赤；或钱，或布，或刀，或龟贝。至秦而废。"不过，据《汉书·食货志》中记载，汉武帝时也"造龙文、马文、龟文之币"。西汉王莽篡位后，罢错刀、契刀及五铢钱，更作金、银、龟、贝、钱、布六种钱币，其中龟币又分元龟、公龟、侯龟、子龟四品，为"龟宝四品"。而梁启超在《中国古代币材考·龟币》中写道："古代用龟币，以全龟为之者固多，然割裂之者亦不少，盖势之所趋，不得不尔也。"

3. 龟退出货币交换，被当作宝藏

秦统一六国后，秦始皇下令统一全国货币，在《史记·平准书》有记载："及至秦，分一国之币为三等，黄金以镒为名，为上币；铜钱识曰半两，重如其文，为下币；而珠玉、龟贝、银锡之属为器饰宝藏，不为币。"至东汉中后期，龟逐渐演化为龟、蛇合体的玄武，成为四神之一，代表天上的星宿。

三、龟文化与天文

1991 年 10 月，美国《国家地理》杂志 180 卷第 4 号的封面上刊登的是一幅名为《轩辕黄帝族酋长礼天祈年图》的彩色鹿皮画，其与盐亭县祖家湾（古西陵国）古墓室内发现的《轩辕礼天祈年图》石刻图案如出一辙，上面画的就是轩辕氏图腾的族徽天鼋龟。在图中双手擎天的祈祷者为轩辕酋长，即黄帝族领袖；最上方的雷雨之神天鼋龟就是玄武，其周围有二十八颗星，代表二十八星宿。而古西陵国是黄帝正妃嫘祖的故乡。《史记·五帝本纪》中记载："黄帝居轩辕之丘，娶西陵氏之女，是为嫘祖。嫘祖为黄帝正妃，生二子，其后皆有天下。"《史记·五帝本纪·正义》解释说："西陵，国名也。"

二十八星宿是中国古代天文学家为观测日、月、五星运行而划分的二十八个星区，是我国本土天文学创作，用来说明日、月、五星运行所到的位置。每宿包含若干颗恒星。按方位、季节和四象，分为东、南、西、北四宫，每宫七宿，分别将各宫所属七宿连缀想象为一种动物，认为是"天之四灵，以正四方"。作为中国传统文化的重要组成部分，二十八星宿曾被广泛应用于古代的天文、宗教、文学及星占、星命、风水、择吉等术数中。其具体内容如下：

① 东方青龙七宿:角、亢、氐、房、心、尾、箕，计有五十四个星座七百余颗星，组成了青龙图案。

② 北方玄武七宿:斗、牛、女、虚、危、室、壁，计有六十五个星座八百余颗星，组成了蛇与龟的形象，即玄武。

③ 西方白虎七宿:奎、娄、胃、昴、毕、觜、参，计有五十四个星座七百余颗星，组成了白虎图案。

④ 南方朱雀七宿:井、鬼、柳、星、张、翼、轸，计有四十二个星座五百多颗星，组成了一只展翅飞翔的朱雀图案。

关于二十八星宿的体系形成，目前据文献记载可以追溯到商朝，在春秋战国时期已经完备。有关二十八星宿及四象的记载，最早见于战国初期。据考证，1978 年出土的湖北随县曾侯乙墓，内有一个漆箱，箱盖面绘有一个"斗"字和二十八星宿名称及青龙、白虎图像，这是研究中国古代天文学史的重要文物。

四、龟文化与地理

据不完全统计，全国各地以"龟"命名的山水、楼阁等大小景区有142处，其中著名的有四川九龟山、海南神龟山、福建龟龙山、山东古里镇龟山等。而全国各地关于灵龟、金龟、白龟、铁龟、石龟等传说多达106个，名不见经传的龟峰、龟岭、龟湖、龟塘等更是不胜枚举，故事及传说比比皆是。

五、龟文化与古建筑

1. 龟形城池

据不完全统计，全国具有历史的龟形城池有16座。其中，江西省2座，云南省1座，浙江省3座，河北省1座，山西省3座，四川省1座，甘肃省2座，湖南省1座，陕西省1座，山东省1座。

2. 龟形村寨

① 东莞逆水流龟寨。广东省东莞市虎门镇白沙管理区有一座建于明崇祯年间的逆水流龟村堡。因寨内建筑布局如龟形，龟头迎着一条小溪逆流而上，故名"逆水流龟寨"。

② 寨卜昌村。它位于河南省博爱县苏家作乡，寨墙围绕原药王卜昌、油王卜昌和乔卜昌三村，随地形而建，俯瞰形如龟背。

3. 龟形建筑

① 济渎北海庙。它位于河南省济源市西北2公里济水东源处庙街村，是我国古代祭祀名山大川"五岳四渎"之神的大型祠庙建筑之一。整个庙宇坐北朝南，平面略呈"神龟探海"之势。

② 宋代龟形巨宅。据南宋周密撰写的《齐东野语》中记载，南宋时期杭州西湖边有一龟形巨宅——杨府，取大龟昂首下视西湖之象，百余年间，没有发生过火灾，"一僧善相宅，云：'此龟形也，得水则吉，失水则凶。'"

4. 龟形井、百寿图

① 袁州城内龟鼻、龟眉、龟目井。据史料记载，袁州（今江西宜春）城内有龟鼻井、左右龟眉井和左右龟目井。双清井，旧为龟鼻井；扬清井，旧为左龟眉井；澄清井，旧为右龟眉井；东明井，旧为左龟目井。

②南翔古猗园"龟山百寿图"。上海市嘉定区南翔镇古猗园内有一座龟山，四面临水，如巨龟浮于水面。山上有一龙头巨龟，即赑屃，背负"百寿图"巨碑。碑的正面由"百岁"组成巨大的"寿"字，背面雕刻百个不同形状的"寿"字，寓意长寿吉祥。

5. 龟形陵墓

①明东陵。它是朱元璋长子朱标的陵墓。朱标英年早逝，而朱元璋以龟为儿子陵墓之形，应该是取龟长寿之意，希冀朱标来世健康长寿。

②集美鳌园和陈嘉庚墓。在厦门集美镇浔江之滨有一座鳌园，原为一小屿，涨潮时，形如举首翘归的大龟。1950年，陈嘉庚为纪念厦门解放，兴建鳌园。陈嘉庚逝世后，其墓位于园中，墓平面呈龟形。

③山西沁县金代龟形砖室墓。2015年4月，山西沁县上庄村村民在建房挖地基时发现一座古代砖室墓。此墓为一座仿木构建筑的砖室墓，叠涩攒尖顶，由墓道、墓门、甬道、墓室及耳室组成。墓室呈八边形，五个耳室分别在墓室正北、东北、东南、西南及西北方向，整体平面形状为龟形。

④吕氏明代南山龟形祖陵园。作为福建省首个被列为文物保护单位（区级）的非名人墓葬群，吕氏明代南山祖陵园中的5座古墓的墓身都呈圆弧形的龟甲状，这也是历史上我国南部地区常见的墓葬形式。

⑤龟山汉墓。它位于江苏省徐州市九里经济开发区境内的龟山西麓，龟山是九里山的余脉，因其山形酷似龟形而得名龟山。此墓为西汉第六代楚王（即襄王）刘注的夫妻合葬墓。

6. 龟形墓志"三宝"

①北魏元显俊龟形墓志。现珍藏于南京博物院的《元显俊墓志》，琢刻精致，形制特殊，志盖和志文上下相合，正好是一个完整的石龟，而且龟的首尾、四足毕具。把墓志制成象征长寿的龟形，意在祈求墓主在九泉之下得其永年。

②唐代李寿墓志铭。李寿是唐朝的开国功臣，在李寿墓出土的文物中，兽首龟形的墓志极为罕见。此墓志刻于唐贞观四年（630），龟形墓志并盖呈长椭圆形，塑造的龟头前伸，瞪大双眼，四足趴伏于长方形石座之上，刻有龟甲、连珠、蔓草等图案。整体以龟背为志盖，正中刻篆书"大唐故司空公上柱

国淮安靖王墓志铭"。

③ 唐代卢公亮墓志铭。唐代集贤殿校理卢公亮墓志形制为虎头龟形，龟座为卢公亮志文，龟背内为卢公亮夫人志文。这一墓志为我国仅见的三方龟形墓志之一，属国宝级文物。

六、龟文化与考古

1924年，马家窑遗址出土的绘有乌龟图案的半山文化彩陶壶的壶身上画有四只造型各异的乌龟。这证明了早在4500年前，甘肃就已经有乌龟这种动物存活，并被先民当作长寿、可以寄托美好愿望的图腾崇拜。

1960年，古脊椎动物与古人类研究所颜訚教授等在山东泰安一带进行新石器时代晚期人类遗迹调查时，于泰安大汶口一墓葬中发现一龟类标本，包括一个完整的腹甲、局部残缺的背甲前2/3部分及属于同一个体的一些碎片。中国古龟鳖学专家叶祥奎教授说："所有地平龟属的化石种都只分布于北美，现生种则分布于北美、中美两处，美洲以外的其他大陆从未有过化石种或现生种的记录。……所以，我国这次山东大汶口地平龟甲壳的发现，是该类动物在亚洲大陆的首次发现，因而不论在地理分布或动物迁徙史上都具有很大的意义。"

1981—1983年，牛河梁遗址被发现并开始挖掘。牛河梁遗址位于辽宁省朝阳市凌源、建平两县交界处的牛河梁村，是一处原始社会末期的红山文化遗址。在距离牛河梁女神庙1公里左右的地方，有一座小土山，考古专家将其称为中国的"金字塔"。在考古专家围绕这座"金字塔"周围的积石冢群进行部分发掘后，其中一座墓里出土了一具完整的男性骨架，死者的胸部佩置一碧绿色玉龟。此玉龟无头无尾无足，浑然一体，令人联想到古籍记载中女娲补天时"断龟足以立四极"的传说。

1983—1987年，河南舞阳贾湖遗址出土的刻符龟甲和龟甲响器，证明了龟文化早在8000年前的贾湖文化时期就已经初步形成。该遗址的墓葬中随葬的成组的内装石子的龟甲、共存的骨笛和杈形骨器等原始宗教用具表明，贾湖人之中流行巫术崇拜与巫术信仰。从随葬龟甲和葬狗现象分析，当时存在着龟灵崇拜、祖先崇拜和犬牲现象。从以二、四、六、八为主要组合的成组龟甲和内装的石子分析，当时可能存在着用龟内石子占卜现象，并且贾湖人可能已有正整数概念，认识了正整数的奇偶规律，这对后来影响中国数千年的象数思维的形成与发展有重要作用。

1985年，凌家滩遗址出土了玉龟、玉版、玉鹰，其中玉版夹放在玉龟的龟甲里面，这和中国古代文献所记载的"元龟衔符""元龟负书出""大龟负图"相互印证。

七、龟文化与音乐

河南舞阳贾湖遗址出土的龟甲响器（龟背甲和腹甲扣合在一起，内装石子摇晃发声）完全符合现代人对"摇响器"的定义。

八、龟文化与传统医学、养生学

1. 药用价值

龟的全身都是宝，中医学很早就记载了龟有很好的药用价值，能通人脉，故取其甲以补心、补肾、补血，"皆以养阴也"。据《本草纲目》所述，炙龟板可通任脉、助阳道、补阴血、益精气等。绿毛龟还有抑制癌细胞的作用，被列为第一抗癌食品。

2. 灵龟八法

灵龟八法是根据九宫八卦学说，结合人体奇经八脉气血的会合，取与奇经八脉相通的八个经穴的按时取穴法。"灵龟八法"一说首见于《针经指南》，是古代"时辰针灸学"的一个主要内容，取穴运算周期为60天。

3. 龟息法

人们认为，龟之所以长寿，主要得益于独特的呼吸方法，于是仿此创造了"龟息功"，以健体益寿。1975年，青海省乐都县柳湾地区出土了一件马家窑文化时期的彩陶罐，这件彩陶腹部正中有一彩绘浮塑练功人像。据有关专家鉴定，这种姿态与流传至今的龟息法中的某一练功姿势几乎相同。

九、龟文化与军事

1. 战国龟旗

战国时期，大将的旗帜以龟为饰，后来龟与蛇合体，逐渐演变成玄武的形象。古人将天空分成东、西、南、北、中五个区域，并把东、西、南、北四宫每宫的七宿连起来想象成四种动物，故有东方青龙、西方白虎、南方朱雀、北方玄武之说。后来古人又将其与阴阳、五行、五方、五色相配，运用于军营、军列，成为行军打仗的保护神"四象"，如《礼记·曲礼》载："行，前朱鸟而后玄武，左青龙而右白虎，招摇在上。"

2. 汉代神龟剑

神龟剑是古代名剑，为汉文帝刘恒在位时所铸。南朝萧梁时期的文学家陶弘景在《古今刀剑录》中写道："文帝恒，在位二十三年，以初元十六年，岁次庚午，铸三剑，长三尺六寸，铭曰'神龟'，多刻龟形，以应大横之兆。"

3. 万历年间龟形船

"壬辰卫国战争"是日本发动的大规模侵朝战争，中国史称"万历朝鲜战争"。朝鲜爱国将领李舜臣效仿龟形打造了一艘战船，在战争中以机动灵活的战略战术重创日军。"龟船"在其中发挥了巨大作用。

十、龟文化与人的思想意识形态——图腾

在原始氏族社会，图腾是一个氏族区别于其他氏族的标志，是能代表一个民族性格和观念的精神信仰，它们往往拥有一个民族向往得到的能力，相当于现在的民族服装。作为族徽的图腾动物大多是各氏族所崇拜的灵物。在中国历史上占据重要地位的黄帝氏族与鲧系氏族就是以龟为图腾的。

古人把二十八星宿分成四组，即东方青龙七宿、西方白虎七宿、南方朱雀七宿、北方玄武七宿，这是先民们的图腾崇拜在古天文学上的反映。早在原始社会，四灵已经作为图腾崇拜的形式出现在不同的部落中。在目前出土的商代青铜器上，也常常出现以这些动物作为氏族名称的族徽纹饰，这也是图腾崇拜的反映。

十一、龟文化与文学

龟文化在我国古代文学领域渗透颇深，如：①涉及龟文化的古籍、文献有《史记·龟策列传》《太平御览·鳞介部》《太平广记·水族卷》《册府元龟》《文献通考·物异考》《艺文类聚》《初学记·鳞介部》《搜神记》《拾遗记》《本草纲目》《禅家龟鉴》等；②有关龟的诗文有李贺的"杨花扑帐春云热，龟甲

屏风醉眼缬"、李白的"龟游莲叶上，乌宿芦花里"等，成语有"龟鹤遐寿""龟毛兔角"等，歇后语有"乌龟移窝——慢腾腾""乌龟伸脖子——抛头露面""王八中解元——规矩（龟举）"等，对联有"富如仙鹤延百岁，贵似神龟寿千年""龟龄鹤寿长，龙腾虎跃兴"等。

十二、龟文化与民俗、民情

1. 龟是古人的生殖崇拜对象

远古时期，战争频繁，人口数量低下，先民的生存环境和生存能力都相对比较差，每个部落为了自身的强大，都希望本部落人口繁衍快、成活率高，因此就有了对生殖的崇拜。人自身的生殖崇拜，是一切信仰崇拜的核心。在母系社会，人们的生育观是神灵感应生育，主要是图腾感应生人，这时的生殖崇拜是直接的图腾神灵的崇拜。随着父系社会的巩固和"男阳女阴""父天母地"观念的形成，人们将生殖崇拜发展为对男根（男性生殖器）的崇拜。龟传人的信念表现为龟护人根或人根植龟，取龟万年长寿、护佑子孙满堂之意。玄武以龟蛇合体的形象出现，更被古人看作雌雄交配、阴阳交感演化万物的象征。

东汉魏伯阳在《周易参同契》提出阴阳必须配合："关关雎鸠，在河之洲。窈窕淑女，君子好逑。雄不独处，雌不孤居。玄武龟蛇，纠盘相扶。以明牝牡，毕竟相胥。"

2. 龟是长寿的代名词

长久以来，人们认为龟是吉祥的动物，与鹤同为长寿的象征。福建、台湾等地民间做寿，必须制作"红龟"分赠亲友和邻居一同庆贺，叫作"做龟寿"，上百岁的年龄被称为"龟龄"。

在古代，龟因寿命长而成为长寿和不死的象征，为司命之神。《诗经名物解》中说："龟蛇伏气，首皆向东。龟咽日气而寿，故养生者服日华。"《史记·龟策列传》中载："南方老人用龟支床足，行二十余岁，老人死，移床，龟尚生不死。龟能行气导引。"《抱朴子》中亦称龟能导引："城阳郡位少时行猎，坠空冢中，饥饿，见冢中先有大龟，数数回转，所向无常，张口吞气，或俯或仰。乃试随龟所为，遂不复饥。"

据生物学家研究发现，龟的肺可储存大量的空气，呼吸又较缓慢，因而体能消耗极少，龟缩在坚硬的甲壳里一动不动，很少吃东西，单靠调节呼吸就可以维持生命，这可能也是它长寿的原因之一。

3. 镇宅

古人认为龟是有灵性的动物，民间把龟当成镇宅的吉祥物，若有人建新屋，则在打地基时，把龟埋在房基下，以龟镇宅，希望保全家平安富贵。

4. 以"龟"字为名或号

① 史龟。史龟为春秋时期晋定公姬午执政期间的晋国大夫，本名蔡龟，他与蔡赵、蔡墨为兄弟，皆为记史之官，故而兄弟三人又被称为"史龟""史墨""史赵"。在其后裔中，有以先祖官号为姓氏者，称"史龟氏"，世代相传至今。

② 陆龟蒙。陆龟蒙是唐代农学家、文学家、道家学者，著有《甫里先生文集》等。

③ 龟山先生。指北宋哲学家、文学家杨时，晚年隐居龟山，著有《龟山集》，学者称其"龟山先生"。

④ 刘龟年。宋孝宗时武陵知州刘龟年，为官清廉，后因看不惯南宋朝廷奸臣当道而辞官归隐。

⑤ 黄龟年。宋崇宁年间（1102—1106）进士黄龟年，官拜监察御史，为人刚正不阿。

⑥ 龟堂。南宋诗人陆游，喜龟雅适娴静，晚年改号"放翁"为"龟堂"，戴龟帽，写龟诗，抒龟志。

⑦ 张白圭（龟）。明朝政治家、改革家张居正出生时，他的爷爷偶得一梦：月亮落在水瓮里，然后一只白龟从水中浮起来，因此给他取名为"张白圭（龟）"。12岁时，荆州知府李士翱为他改名为"居正"。

十三、龟的现代价值

1. 观赏价值

龟由于品种繁多、颜色多变、形态各异，兼具可爱的外形、舒缓的动作、憨厚的性情，在观赏类宠物市场上是较受青睐的动物之一。其中最具观赏及经济价值的要数绿毛龟。绿毛龟古称"神龟"，是一种背上生着龟背基枝藻的淡水龟。它是将动物与水生植物巧妙地融为一体的生物。因龟背上的藻体呈绿色丝状，并长达25厘米，在水中呈被毛状，故称绿毛龟。它是中国的瑰宝，历来享有"活翡翠""绿衣精灵""绿毛神龟"的美誉。它与白玉龟、蛇形龟、双头龟并称为中国四大珍奇龟。汉唐时，盛行养龟，许多文献对绿毛龟有详细的记载。《本草纲目》中有一幅世界上最早的绿毛龟图。

2. 科学价值

龟作为国际濒危珍稀物种，大部分龟类的生活习性和繁殖技术仍是世界难题。此外，龟的寿命长，对于龟体内的长寿因子和活性物质的研究及抗癌保健药品的研制，还有待进一步研究和探索。

海龟在繁殖季节，每年都能从栖息地游到特定的岛屿或海岸产卵，然后准确返回，而孵化出来的幼龟也能准确无误地游向父辈的栖息地，这种定位能力和马拉松式的回游，对海洋航行研究有重要启示。

3. 经济价值

由于龟兼具药用、观赏及科研价值，其经济价值也随之逐步攀升。龟是我国传统的出口创汇产品，用各种龟的甲壳或背板做成龟形状的各种工艺品，如木质龟形桌椅、玉制龟形枕头等，远销欧美。我国培育的绿毛龟也深受外国友人的喜爱，是外贸出口的高档动物之一，日本、东南亚及欧美各国把它看成吉祥如意、延年益寿的象征。